## 最新のビデオ・トラッキング計測

### 飛翔体の観測に革新的な撮影システム

# ビデオ・トラッカー

IMAGO社のビデオ・トラッカーは飛翔体、航空機、落下物、ゴルフボール等を最新の画像入力・処理技術によりテレビカメラで捕捉し、リアルタイムにカメラ運台を連動させ画像記録、弾道計測を行う最新のコンパクトモバイルトラッカーです。
専用雲台にはカメラを2台以上搭載可能で高速度カメラや赤外線カメラも搭載でき、開翼運動、子弾放出などの飛翔過程の挙動の記録、弾着までの画像取得が行えます。また、2台撮影による3次元計測も可能です。

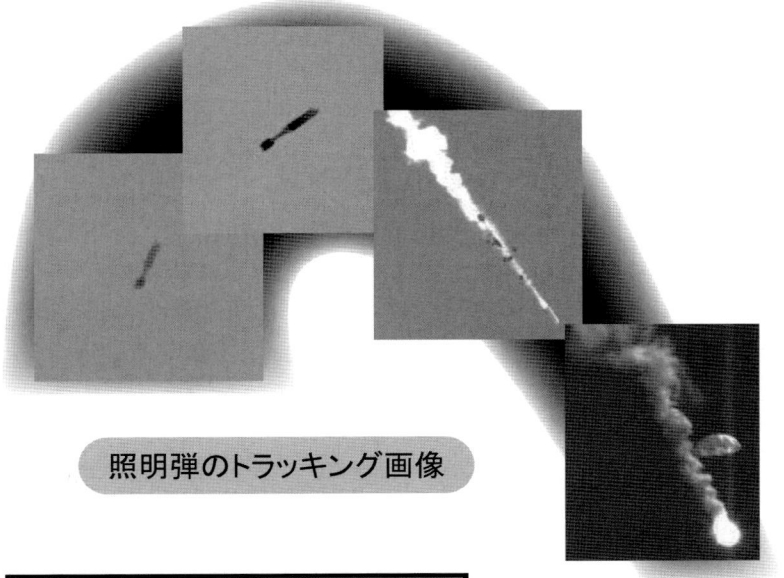

照明弾のトラッキング画像

### 主な用途
- 航空機追跡
- ミサイル追跡
- 追撃砲追跡
- 軌道測定
- 航空計器検証
- EUV
- 着地システム
- EO対策 − 評価／刺激
- ミサイル評価
- 武器命中率計算／爆弾投下
- ミス・ディスタンス
- ゴルフ、球技等

**各種試験の撮影計測請負いたします**

高速度カメラの撮影作業は実績のノビテックにお任せください。

日本総代理店
Nobby Tech. Ltd.
株式会社ノビテック
〒150-0013　東京都渋谷区恵比寿1-18-18　東急不動産恵比寿ビル7F
TEL: 03-3443-2633　FAX: 03-3443-2660
E-mail: sales@nobby-tech.co.jp　URL: http://www.nobby-tech.co.jp

# 赤外線検出器/カメラ/レンズ

## 赤外線検出器

世界最高クラスの感度を持ったSCD社製の赤外線検出器。SWIR～LWIRまでをカバーし、高画素、デジタルROIC、小型HOT検出器など豊富な選択肢があります。カメラモジュール（NTSC、CameraLink出力）も選択可能。ITARフリー。

### SWIR検出器 InGaAs
- 画素数 ： 640×512　15μmピッチ
  1280x1024　10μmピッチ
- 波長 ： 0.4～1.8μm
- ROICノイズ ： high:40e(CDS)、low:180e
- フレームレート ： 350Hz @ 13bit分解能 @ VGA

### MWIR冷却式デジタル検出器 InSb
- 画素数 ： 640×512, 1280x1024　15μmピッチ
  1280×1024, 1920x1536　10μmピッチ
- 波長 ： 1.0～5.2μm
- NETD ： 20mK
- フレームレート ： 350Hz(VGA)
  100Hz(SXGA)、90Hz(HD)

### MWIR冷却式HOTデジタル検出器 XBn
- 画素数 ： 640×512, 1280x1024 15μmピッチ
  1280×1024　10μmピッチ
- 波長 ： 3.6～4.2μm
- NETD ： 23mK
- 冷却温度 ： 150K（XBn技術）
- フレームレート ： 350Hz(VGA)、100Hz(SXGA)

### LWIR冷却式デジタル検出器 T2SL
- 画素数 ： 640×512, 15μmピッチ
- 波長 ： 8.0～9.5μm
- NETD ： 15mK
- フレームレート ： 350Hz(VGA)

### LWIR非冷却式ボロメータ検出器 VOXI
- 画素数 ： 640×480　17μmピッチ
- 波長 ： 8～12μm（WBタイプ:3～12μm）
- NETD ： 35mK（HSタイプ）
- 特長 ： NUCレス、TECレス

## 赤外線カメラ

SCD社の高感度検出器を採用しSWIR～LWIRまでをカバーした赤外線カメラ・システム。様々なズームレンズとの組合せが可能。

- ズームSWIRカメラ 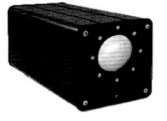
- ズームMWIR冷却カメラ 
- ズームMWIR HOT冷却モジュール 
- 超望遠ズームMWIR冷却カメラ 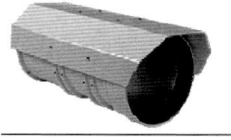
- ズームLWIR非冷却カメラ

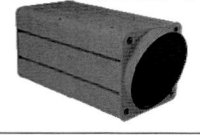

SCD社の超高感度InGaAs検出器を採用した高感度SWIRカメラ。近年注目されている煙や靄を透過しての撮影や低照度撮影に最適。国内で入手できる最高感度のSWIRカメラ（当社調べ）。

- OWL-640 
- OWL-1280 
- NINOX-1280

霧の影響を低減：対岸の見え方に大差あり

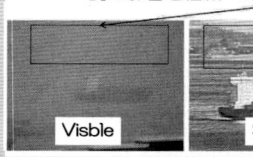

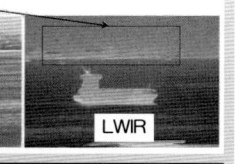

Visble / SWIR / LWIR

## 赤外線カメラレンズ

世界中の優れた赤外線カメラレンズをそろえ、顧客のニーズに合った製品を提案致します

**SWIR/MWIR/LWIR**
- StingRay 
- RP OPTICAL LAB 
- JANOS TECHNOLOGY 
- OPTICOELECTRON

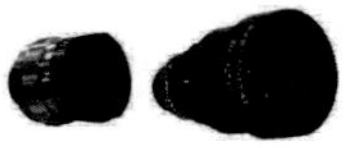

**冷却/非冷却**
- LightPath
- OPHIR

---

**株式会社アイ・アール・システム**

〒206-0041　東京都多摩市愛宕4-6-20
TEL：042-400-0373　FAX：042-400-0374
office@irsystem.com　www.irsystem.com

ホームページに「富士山頂サブミリ波望遠鏡」の動画をUPしました。
ホームページ ⇒ http://oshimashisaku.jp

# 導波管コンポーネント

## ■方向性結合器
当社独自の製法により、損失は他社の1/5以下

- ■ 他社例 ： WR10挿入損失 1dB
- ■ 当　社 ： WR10挿入損失 0.2dB

導波管内を伝播する電磁波の一部を別のポートから取り出すことができる製品です。3ポート（単方向性結合器）と4ポート（双方向性結合器）を取り扱っており低挿入損失で任意の結合度で製作することが可能です。

■方向性結合器

当社では、24GHz～330GHz帯までの導波管コンポーネントを製作しております。CORRUG、GRASP、Femtet、HFSS等のシミュレーションソフトを使用した設計から、VNA（ベクトルネットワークアナライザー）を使用した透過損失、反射損失の測定も行っております。
セミオーダーからフルオーダーまで対応いたします。まずはご相談下さい。

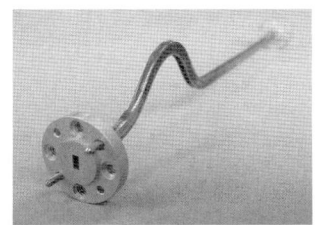

■ストレート、ベンド、ツイスト 　　■各種変換、フィルタ、ホーン 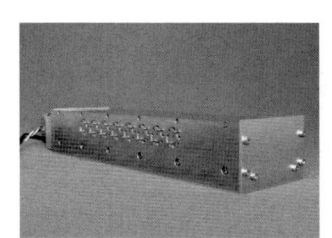　　■多チャンネル導波管切替器

# 光ファイバ式ロータリーエンコーダ

コントローラより先は光ファイバのみ、電気は通っていません
ノイズが出ない乗らない・完全防爆・耐放射線・長距離通信OK

- ■ 分解能 ： 3600、1024、1000、500 [パルス/回転]
- ■ 最大応答周波数 ： 60k [Hz]
- ■ 出力相 ： A、B相（50% duty）、Z相
- ■ 出力形態 ： 矩形波（オープンコレクタ出力）
- ■ 周囲温度 ： 0～60 [℃] RH35%～90%（結露しないこと）
- ■ 電源電圧 ： DC12 [V]
- ■ 内部消費電流 ： 500 [mA]以下

■外径φ55エンコーダ

# 光ロータリーコネクタ

ワイヤレス給電との組み合わせにより、スリップリングなどの電気的接触は一切無し、メンテナンスフリー
電動オートピークサーチ機能付き雲台にも使用できます

- ■ 接続損失 ： 2dB以下（1.3μSM）
- ■ 回転変動 ： 1dB以下（1.3μSM）
- ■ 反射　　 ： 35dB以下
  ※ 特注で50dB以下も製作可能です

■光ロータリーコネクタ

光接続したままでコネクタ部分が360°無制限に回転できます。
信号伝達部分が非接触のためメンテナンスフリーです。
レーダー装置や回転アンテナ、ケーブルリールシステムなどの光接続に最適です。

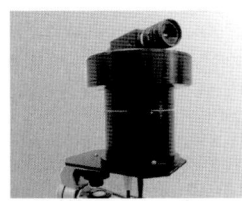

■監視カメラへの応用

---

OSHIMA prototype engineering　株式会社 雄島試作研究所

本社 〒180-0013 東京都武蔵野市久保3-10-28
TEL. 0422-52-0167　FAX. 0422-54-2632
http://oshimashisaku.jp
mail@oshimashisaku.jp

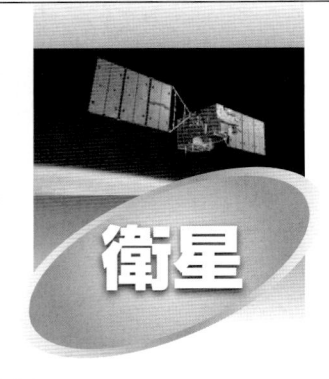

## EW　産学　衛星

関連でお探しの海外製品は、
35年以上の経験と実績を持つ、
当社におまかせください。

――― お問い合わせは、当社営業部あてにお願いいたします。 ―――

### 綜合電子株式会社
フリーダイヤル：0120-095-442
URL：http://www.sogoel.co.jp　TEL：042-337-4411(代)

---

## EvoLogics社（ドイツ）
### 水中音響モデム / USBL水中測位・通信システム

UUV、ROVや水中観測機器とのデータ通信のほか
水中位置のリアルタイムな把握を容易に実現

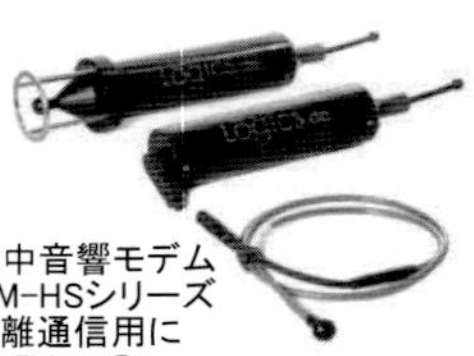

最新水中音響モデム
S2C M-HSシリーズ
短距離通信用に
62.5kbpsの
高速通信速度を実現

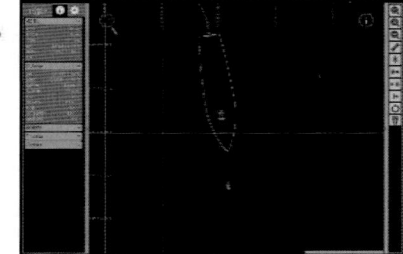

SiNAPS（航法および測位用ソフトウェア）により、
UUVなどの位置を、分かり易く、リアルタイムに表示

### 水中音響モデム、USBLシステムの特長
- モデムは、全二重通信を実現し双方向でのデータ通信が可能
- USBLは、水中移動体等のリアルタイムな水中測位が可能
- しかもUSBLは、測位および通信を1対の機器で実現
　（通信用および測位用の別システムは不要で経費削減可能）
- さらに、測位および通信は同時実施可能で切替え操作不要
- 各種周波数、通信速度、指向性、運用深度の機器を用意
- モデムとUSBLの組合わせ可能
- 最大255個のモデム、USBLに対応可能
- USV、UUV複数同時運用時の通信、測位にも最適

### 日本海洋株式会社
〒120-0003
東京都足立区東和5-13-4 東和ビル
TEL 03-5613-8902 / FAX 03-5613-8210
http://www.nipponkaiyo.co.jp/

## 好評発売中！

**本誌に連載の「兵器の起源」が単行本になりました**

# 戦車は ミサイルは いつ、どのようにして生まれたのか!?

防衛技術ジャーナル編集部 編

- ●A5判 ●184頁 ●定価（本体1,900円＋税）

戦車やミサイル等の兵器がいつ、どのようにして生まれたのかについて思いを巡らされたことがありませんか？　大昔から考えられていたものが、技術の発展に伴い実用化、高性能化されたものから、先端的な技術からアイデアを得て実現されたもの等、兵器の起源は様々ですが、いずれも大変示唆に富んでいると考えています。本書では各分野の専門家が、どのようにして兵器が生まれたかを分かりやすく説明を試みており、読者の皆様の参考になれば幸いです。

（まえがき より）

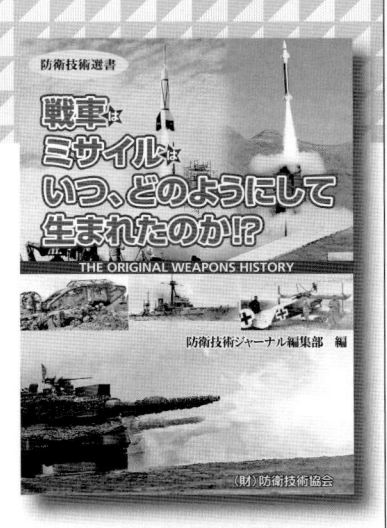

## 一般財団法人　防衛技術協会

〒113-0033　東京都文京区本郷3-23-14　ショウエイビル9F　TEL 03（5941）7620　FAX 03（5941）7651
http://www.defense-tech.or.jp

---

**SAT通販出張版**

# Strike And Tactical
ストライク アンド タクティカルマガジン

## 年間購読サービス

▼

**10,368円が 9,180円！**

【注意事項】
※発送には数日掛かることがあります。

年々、書店が減っているというニュースをご存じでしょうか？　インターネットの台頭により紙媒体の衰退が原因といわれています。町にあった古くからの書店がなくなり、『隣町の大型チェーン店に行くしかなくなった』とお困りの方もいらっしゃるでしょう。さらに『発売日だけど、天気が……仕事が……』という方も多いはずです。そこで、SAT通信で年間購読契約していただいたお客さまには、年間6冊分を9,180円で一括お支払いしていただくと、毎号郵送で届きます。これなら最新号を買い忘れることなく、さらにご自宅に届くわけです。編集部が配本日に直接発送いたしますので、ほぼ発売日までには配達される予定です（地域によっては遅れる場合もあります）。これらお得な「SAT通販　パック・サービス」を最大限にご利用くださいますようお願いいたします。

### お申込み方法

SATマガジン公式ホームページから、「SAT通販」のバナーをクリック、応募フォームから送信していただくか、直接メールにてご購入できます。メールアドレスはsat_magazine@yahoo.co.jp　または電話・FAX・郵便でもお受けできます。連絡先は112ページにも記載しております。是非、このチャンスをお見逃しなく！

**SATマガジン公式サイト → http://www.sat-mag.net/**

（株）SATM　ストライク アンド タクティカルマガジン編集部
〒101-0051　東京都千代田区神田神保町1-58-1　第2石合ビル301号室　Tel:03-3294-1372・4　Fax:03-3296-0650

# 月刊 PANZER（パンツァー）

世界の戦車、装甲車輌などの各種車輌、大砲、ミサイルなどのメカニズムをわかりやすく写真、図面、イラストなどで解説し、また、戦記、戦史をも掲載した月刊誌です。

B5判・120ページ・定価1850円（税込）送料サービス

＜年間予約購読のおすすめ＞
年間予約購読をされますと
1冊1,850円×12冊＝22,200円のところ、割引価格21,000円（税込）でお申込み頂けます。こちらも送料はサービスさせていただきます。

## 月刊 PANZER 臨時増刊

### WAR MACHINE REPORT No.67
# ソ連／ロシア空軍

ソ連／ロシアは常に航空界におけるトップランナーであった。しかしその独特の思考と組織で、今も同国の空軍力を正確に把握するのは難しい。本書では多数の写真で航空機を紹介しつつ、日本ではなかなか分かりにくい組織とその変遷を追う。

B5判・112ページ・定価2500円（税込）・送料サービス

### WAR MACHINE REPORT No.66
# 航空自衛隊最前線

ステルス戦闘機F-35と新型輸送機C-2の導入で脚光を浴びる航空自衛隊。発足から現在、そして大きく変貌する未来までを俯瞰し、組織や装備、有事の際の対応想定、そして隊員たちの姿を、美麗な写真と詳細な記事で解説する。

B5判・112ページ・定価2500円（税込）・送料サービス

### WAR MACHINE REPORT No.64
# 世界の攻撃ヘリコプター

戦後急速に発達したヘリコプターは、対戦車ミサイルを得て陸上最強の存在である戦車を狩るハンターにまで育った。本書は黎明期から現在までの攻撃ヘリコプターを集め、その過去と現在、そして将来を俯瞰する。

B5判・104ページ・定価2500円（税込）・送料サービス

### WAR MACHINE REPORT No.59
# 陸上自衛隊最前線

陸上総隊司令部や水陸機動団の発足など、大変革を目前に控えた陸上自衛隊の今の姿を、編制、装備、運用の様々な観点から解説。南西に重点をシフトし、他方で海外派遣や邦人保護、災害派遣などに奮闘する陸自の将来も予想する。

B5判・112ページ・定価2500円（税込）・送料サービス

---

**株式会社 アルゴノート**

〒162-0814 東京都新宿区新小川町4-18 レッツ飯田橋201
TEL.03-5225-6995　FAX.03-5225-6996　郵便振替 00130-9-99963
ご注文は書店または直接当社までお申込みください。

## 世界の艦船 増刊案内

海人社　〒162-0814 東京都新宿区新小川町 1-14
Tel.03-3268-6351／Fax.03-3268-6354　郵便振替00140-0-37504
ホームページ・アドレス　http://www.ships-net.co.jp

＊ホームページから直接お申込みできます。www.ships-net.co.jp

### 最新刊！ 発売中
### 〈傑作軍艦アーカイブ⑥〉
### 英戦艦「キング・ジョージ5世」級

通巻第885集／定価2300円（税8％込）送料200円

B5判142頁（うちカラー8頁）

大好評の傑作軍艦アーカイブ・シリーズ第6弾は，英戦艦キング・ジョージ5世級！ビスマルク追撃戦で奮戦したネームシップや，マレー沖に消えたプリンス・オブ・ウェールズなど本級5隻の生涯を，本邦初公開を含む約120枚の写真で紹介。本文記事では，そのメカニズムや戦歴を徹底解説した。

### 好評の増刊！ 発売中
### 海上自衛隊 2018-2019

通巻第882集／定価2600円（税8％込）送料200円

2005年の初版刊行以来好評を博している海上自衛隊イヤーブックの最新版！ 144頁にわたるカラー頁では，艦艇，航空機全タイプはもちろん，ウエポン・システム，旗・制服・階級章・徽章なども紹介。モノクロ本文頁では海上自衛隊の現状分析記事のほか，防衛省の組織図，艦艇・航空機部隊の編成表，海将のプロフィールなど，海上自衛隊を知るうえで不可欠な情報を網羅した。　B5判176頁（うちカラー144頁）

### 世界のシーパワーが一目で分かる！
### 世界の海軍 2018-2019

通巻第878集／定価2800円（税8％込）送料200円

使用写真・図版350余点　B5判176頁（オールカラー）

全世界の海軍を網羅したデータブックの最新版！ 収録国は123カ国に及び，それぞれのGDP，国防予算，海軍人員，艦船隻数，航空機数，コースト・ガード勢力に加え，潜水艦，空母，主要な水上戦闘艦，大型揚陸艦は計画中のものを含め，全タイプの主要目，艦名一覧を写真ないしCGとともに掲げた。

**丸 MARU** 2018年 **9月別冊**
定価2300円(税込)

**豪華特別付録**

**1/700 ペーパークラフト**
**空母「飛龍」**
（ミッドウェー海戦時）

カラー&モノクロ
## 日本空母スーパーアートの世界
- カラー彩色で蘇える名空母
- 空母艦上機の塗装&マーキング
- 写真でたどる母艦ヒストリー
- 未発表「飛龍」竣工式

折り込み精密艦型図
## 「赤城」と「信濃」
（1942年）　（1944年）

本文
## 帝国海軍航空母艦の歩み
- WWⅡ日本空母オールガイド
- サブ空母「水上機母艦」の系譜
- 母艦航空隊ラインナップ
- 日本空母かく戦えり
- 「瑞鶴」特信班員が語るエンガノ沖海戦

© Wargaming.net

# 第二次世界大戦 「日本の空母」大事典

世界初の新造空母「鳳翔」から第二次世界大戦最大の「信濃」まで海洋戦力の主力となった日本の空母全タイプ33隻のオールガイド!

**絶賛発売中!**

潮書房光人新社　〒100-8077　東京都千代田区大手町1-7-2
TEL 03-6281-9891　http://www.kojinsha.co.jp

雑誌コード 08308-09

# 好評発売中！
## 火器弾薬技術ハンドブック
〈2012年改訂版〉

弾道学研究会編
防衛技術協会刊行
- ●A5判 ●1,200頁
- ●本体8,000円+税、送料別

戦後わが国の火器弾薬の専門知識を集約した唯一の資料「火器弾薬技術ハンドブック」は、刊行後13年目の2003年には弾道学研究会が中心となって、当時の最新の技術を網羅した改訂版が刊行されました。本ハンドブックは表紙の色から赤本と呼ばれ各方面で親しく利用されてまいりました。その後火器弾薬分野においては革新的な技術が出現すると共に取り巻く環境も大きく変化してきており、各方面から最新の技術に基づく改訂を待望する声が聞こえてくるようになりました。そこでこの度弾道学研究会が中心となり改訂版作成事業が企画立案され、第一線で活躍されている方々の手により、2012年度改訂版が執筆編集されました。最新の技術を網羅し、かつ、より読みやすいハンドブックとなるよう構成・内容を見直しました。この2012年度改訂版は火器弾薬分野の研究開発や教育の現場で必須の書となるでしょう。

### 内容目次

**第1編　弾道学**
1. 概説
2. 砲内弾道
3. 過渡弾道
4. 砲外弾道
5. 終末弾道
6. 統計的評価法

**第2編　弾薬類**
1. 概説
2. 火薬類
3. 弾薬
4. 信管
5. 弾薬を取り巻く環境の変化

**第3編　ロケット弾**
1. 概説
2. ロケット弾技術
3. ロケット弾の設計
4. ロケット弾の動向

**第4編　火器**
1. 概説
2. 小火器
3. 火砲
4. 射撃統制等

**第5編　試験および評価**
1. 概説
2. 試験
3. 計測
4. 評価

御注文方法：申込書に必要事項をご記入のうえFAXでお申し込み下さい。（その際請求書を同封致します。）
また、防衛技術協会のホームページでもお申し込みが可能です。
FAX：03-5941-7651　http://www.defense-tech.or.jp

## 一般財団法人　防衛技術協会
〒113-0033　東京都文京区本郷3-23-14　ショウエイビル9F　TEL 03(5941)7620　FAX 03(5941)7651

------- 切り取り線 -------

| 申　込　書 | | | 年　月　日 | |
|---|---|---|---|---|
| 書　　名 | 火器弾薬技術ハンドブック(2012年改訂版) | | 冊数 | |
| 申込者 | 氏名、(機関名、社名、所属等) | | | |
| | 住　所 | 〒 | | |
| 担当者 | 所　属 | 電話　(　　) | 氏名 | |
| 発送先 | 宛　先 | | | |
| | 住　所 | 〒 | | |
| 備　考 | | | | |

注：個人で申し込まれる方で、自衛隊員及び防衛技術ジャーナル購読会員（法人が加入されている企業の職員等も含む。）の方は備考欄に機関名、社名、所属等をご記入下さい。

## MITSUBISHI ELECTRIC
### Changes for the Better

家庭から宇宙まで、エコチェンジ
eco Changes

# 毎日を見守るために、
# 小型・高機能を極めて。

- ●遠距離からの高分解能・広域観測
- ●昼夜・天候を問わず観測可能
- ●機上でリアルタイムに画像確認
- ●その他多様な応用力
  （3Dマップ作成、微小変化の抽出、移動目標の抽出等）
- ●容易に搭載可能な小型ポッド形状

## 航空機用小型SAR※システム

※SAR：Synthetic Aperture Radar 航空機や人工衛星に搭載し移動させることにより、大直径（仮想）で機能するレーダー。

— SARコア
— アンテナ
ポッド格納時イメージ

お問い合わせ先　三菱電機株式会社　防衛システム事業部　〒100-8310 東京都千代田区丸の内二丁目7番3号（東京ビル）
TEL：03-3218-3386

www.MitsubishiElectric.co.jp

三菱電機株式会社

# 防衛技術ジャーナル

9 2018
September
Vol.38 / No.9

## CONTENTS

### エキシビション

**4** 世界の兵器展
国際防衛装備品展示会ユーロサトリ（Eurosatory）2018より ……… 鈴木　陽

### オピニオン

**2** 展望台
後方（ロジスティクス）と運用（オペレーション）の連携強化 ……… 大島　孝二

### 連載

**26** 雑学！ミリテク広場
カタパルトあれこれ ―重力式から電磁式まで― ……… 文責／本誌編集部

**38** 電磁パルスの脅威 ― その技術と効果
最終回「核爆発による電磁パルス
　～HEMPによる電子機器に及ぼす影響(5)」 ……… 山根　洋

**44** いま、GEOINTは！
第1回「Geospatial Intelligenceとは何？」 ……… 葛岡　成樹

### 歴史

**18** 防衛技術アーカイブス
火砲の歴史と支える技術・その意義（後編） ……… 師岡　英行

### 研究

**13** INTERVIEW　民生有望技術 ― 日本は何を？
サイバー攻撃対策としてAI（人工知能）を活用
　　　　　　　　日本電気株式会社　千葉　靖伸 氏
（聞き手・本誌編集部）

**31** 研究ノート
過渡弾道領域における弾丸加速に関する研究 ……… 大平　晃嗣／青木　寿文／松山　孝男

**58** DTF REPORT
諸外国における兵士の近代化の技術動向（Ⅰ） ……… 小林　松男／山本　正人／岩川　和晃

**53** VOICE
武田　仁己／齋藤　隆之／高野　和人

**63** CINEMA
「ヒトラーと戦った22日間」

**63** BOOKS
「陸・海・空 自衛隊最新装備2018」

**64** DTJニュース
防衛装備庁の人事異動

**64** 英文目次

裏 編集後記／表紙説明／次号予定

※連載の「新・防衛技術基礎講座」は都合により休みます。

## 展望台

# 後方(ロジスティクス)と運用(オペレーション)の連携強化

大島 孝二

　海上自衛隊補給本部は平成10年12月8日に創立され、今年で20周年を迎えます。この間、海上自衛隊の後方支援の実施全般に係る企画・総合調整・指導を行う後方中枢機関としての役割を担ってきました。

　昨今、我が国を取り巻く安全保障環境は一層厳しさを増しています。特にこれまで核・ミサイル開発を加速させてきた北朝鮮の動向は、新たな展開を見せてはいるものの不透明であり、一方、中国は東シナ海での活動範囲・活動回数を拡大・増大しながら積極的に海洋進出を続けています。こうした情勢の変化に対して、我々は常に精強な隊員・装備、即応できる体制をもって、「備え」、「構え」、そして「対処」していかなければなりません。

　補給本部ではこれまで、平時における「備え」として、「基盤的な後方支援活動」を地道に継続し、装備品や作戦資材などの造修・整備・補給・調達等の業務をより効率的、経済的、持続的に実施するための態勢の整備を推進してきました。特に、艦船・航空機の可動率の維持・向上のため、信頼性管理を強化し、不具合データの収集・分析等から可動率トレンドの把握に努め、定期修理間隔や整備方式の見直し、故障頻

度・交換頻度の高い予備品の確保、装備品の改修・改善による整備性の向上、製造中止部品に対する代替品の選定等に取り組んできました。これに加え、近年はグレーゾーンにおける「構え」、さらに有事における「対処」として「運用的な後方支援活動」をより重視し、作戦・運用部隊の活動を円滑かつ迅速に支援するための『真に戦える後方支援態勢』を目指しています。

今まさに後方支援に求められるものとは、装備品の新たな導入や近代化に対応し、後方支援に直接影響を及ぼす社会・経済・科学技術等の変化に適応し、作戦・運用部隊のニーズを適時的確に把握しながら、より先行的に必要な時期・必要な地域に必要な能力の装備品や作戦資材などを着実・確実に準備・提供し、作戦・運用部隊の切れ目のない能力発揮に資することです。

これまでの演習等では、弾薬・燃料の保有数量や後方支援活動などを想定とするケースも多く、部隊の作戦が後方支援の制約を受けるという認識が必ずしも十分ではありませんでした。近年は、運用サイドと後方サイドの双方が、後方支援の能力の限界が作戦・運用部隊の能力の限界に直結することを認識し、日々の情報共有の場を通じて、後方サイドから後方支援の制約を確実に示すとともに、運用サイドは後方支援の制約を踏まえつつ、効果的かつ効率的な作戦計画を立案しています。他方、後方サイドも運用サイドの作戦構想を十分に理解しつつ、実現のための後方支援態勢の改善を推進しています。こうした、運用サイドと後方サイド双方の調整メカニズムを活用し、目的を達成するために他に手段はないかを常に試行錯誤しながら、計画・分析・評価・修正を繰り返し、最適な作戦を選択しています。

ここで、最近の補給本部の取り組みの一例を紹介します。

一つ目は、艦船の修理統制です。これまでは、艦船の搭載機器等が故障した場合、定係港に帰投し修理する形態が一般的でした。近年は、速やかに任務に復帰できるよう、修理期間の短縮を追求しています。そこで先ず、司令部等と調整し、任務達成に不可欠な機能の確保を優先し、修理する機器の優先順を決定します。修理の実施においては、海外も含め定係港以外への整備員の派遣や予備品の配送はもちろんのこと、遠隔技術支援として、洋上の艦船乗員と陸上基地の技術者との間で衛星通信により故障状況を確認、修理箇所・交換部品を特定し、修理・交換要領の指示を行います。なお交換部品が必要な場合、全国に在庫品がない時には、修理・検査中の艦船からの一時部品取りなどで対処します。洋上への輸送手段としては、艦船間の洋上輸送や回転翼機による輸送、固定翼機からの物量傘投下などの手段も活用します。

二つ目は、弾薬の整備統制及び燃料の在庫管制です。弾薬に関しては、作戦・運用部隊から弾種の搭載所要数、搭載時期等の情報を得て、全国の各部隊の整備能力を踏まえ、計画的な整備弾数を決定しています。一方、燃料に関しても、各基地の運用所要を踏まえ、燃料タンクの最低保有基準を設定し、補給艦や陸上輸送による全国的なタンク・オペレーションを展開しています。

補給本部では、情勢の変化に直面しているこの時期を改革・改善の好機と捉え、作戦・運用部隊との一体感、すなわち作戦・運用部隊と現場において共に行動している「常在現場」の感覚をもって、先行的かつスピード感のある対応に努めています。

今後、運用の要求に応えていくためには、Maintenance Free かつ省人化に対応した装備品の導入、ビッグデータ・AIを活用した機器の状態モニタリングと故障診断、高速・広域の洋上輸送のための無人機の導入など技術的な支援が不可欠です。今後とも、後方支援を考慮した装備品の研究開発の推進に大いに期待しています。

海上自衛隊 補給本部長／海将

### 世界の兵器展

# 国際防衛装備品展示会
# ユーロサトリ2018より
Eurosatory

鈴木　陽
（一財）防衛技術協会　客員研究員

　平成30年6月11日からの5日間、フランス　パリ市（パリ・ノール・ヴィルパント展示場）で行われたユーロサトリ2018は天候にも恵まれ、鉄道ストの影響が多少あったものの、大きな混乱もなく無事閉幕した。ユーロサトリとは、フランスにおいて隔年で開催される装備品などに関する世界最大規模の展示会であり、日本もユーロサトリ2014から参加している。
　今回のユーロサトリ2018には防衛装備庁を中心とした「日本パビリオン」を編成し7社が参加した。公式発表はないが、前回のユーロサトリ2016と同様の企業、見学者の参加を得て全体として成功裡に終了したと思われる。本稿では、ユーロサトリ2018における各国・企業による展示等についての概要を報告する。

## 展示の構成

**(1) 展示場の構成**

　ユーロサトリ2018は、3ヵ所の屋内展示施設（ホール5A、ホール5Bおよびホール6）と連接した屋外展示施設で開催された（図1）。展示場は高速郊外鉄道（RER）の「展示場公園前駅」に近いメインゲートを「要」とする扇型である。メインゲートをくぐると左手にホール5Aとその奥に5Bが位置し、右手にホール6、ホール6の奥が屋外展示場という構成である。ホール6と5Aの違いは特にみられなかったが、屋外展示を利用する国がホール6に配置されたようだ（図2）。なおホール5Bは今回が初めての試みとされている防災と民生セキュリティ部門を中心とした展示内容であり、日本パビリオンもホール5Bに設置された。ちなみに、ホール5Bは展示会場のもう一つの入り口である駐車場地区からの入場ゲートが設置されており、主要な見学動線が含まれている（図3）。

**(2) 展示要領**

　展示の形態は、企業による装備品の紹介活動が行われる大小さまざまなブースを基本として、企業単独あるいは国ごとにまとめられたパビリオンが主体である。大手防衛産業の中には屋外展示施設に展示プレハブを建設しており、それ自体が一つのパビリオンとなっている。屋

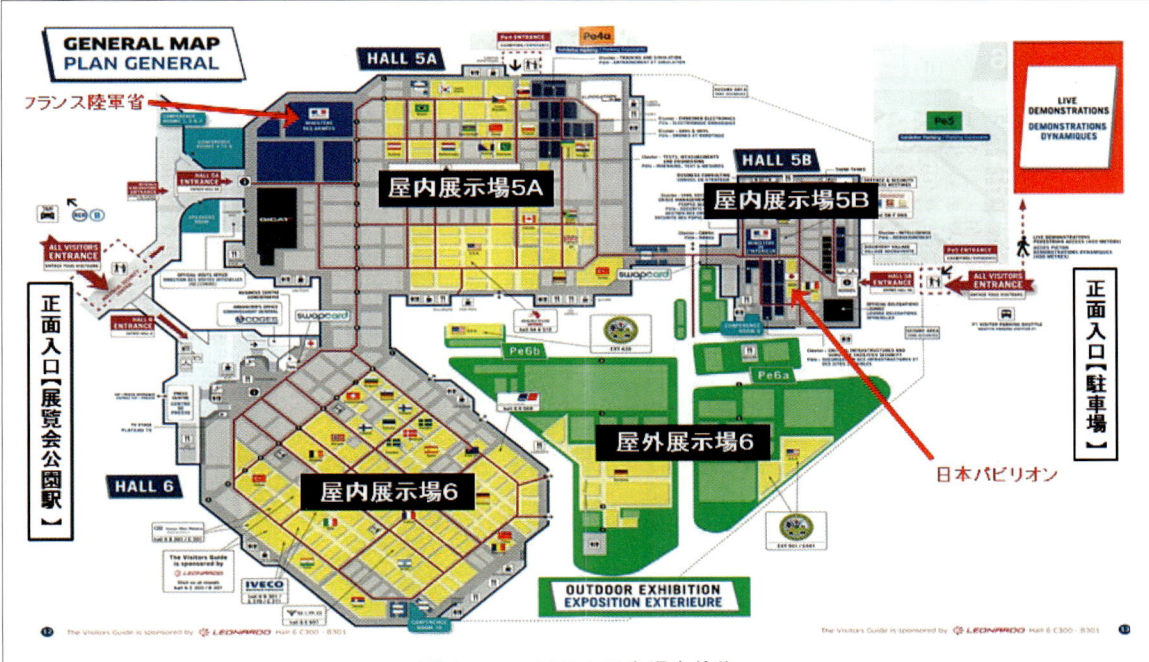

図1　ユーロサトリ会場全体像

図2　メインゲート付近（天井に参加国の国旗掲示）

図3　駐車場側の入口

内展示では、ブースの展示内容を目的別にまとめた10個の「クラスター」と起業直後のスタートアップ企業をまとめた「EUROSATORY LAB」が設営されたが、「クラスター」のブースは一般ブースと同様の規模であった。

「クラスター」は、展示会場5Aと5Bの一角に設けられていた。クラスターにはUAV・UGV、CBR、危機管理、危機管理基盤、情報、トレーニング・シミュレータ、埋め込み電子システム（Embedded Electronics）、検査・計測、警察装備および新発見分野（Discovery Village）の10項目が選定され、それぞれに20個ブース程度の関連企業が集約されていた。天井部に目印となるバナーが設置され、遠方からの目印となっている。

UAV・UGVクラスター（図4）に注目すると、各ブースではさまざまな形態のUAV・UGV装備品が展示されていたが、会場内の多

くの一般ブースにも同様の展示がありUAV・UGVに関連する企業の多さが改めて感じられた。また、その名称から新たな装備や技術が期待される「新発見分野（Discovery Village）クラスター」では、屋内戦闘用の小火器弾道解析システムや戦場IPネットワーク構成に関する斬新な提案等、幾つかの興味深い展示もあった。一方でクラスター出展企業の多くがクラスターの趣旨とは異なった自社製造装備品の展示もしているケースがあり、展示の焦点が明確でない感じを受ける場面もあった。

「EUROSATY LAB」は立ち机1個分のスペースの展示ブースであり、要素的な技術・装備分野が多く、他装備品等とのマッチングを目的とした展示の感があった（図5）。対象は通信、サイバー、兵站支援、個人防護、ロボット、製造、建物構造強化／地域監視、特殊作戦そして訓練／シミュレーションで合計65個のブースであった。主としてベンチャー企業が対象との説明であったが、中にはすでに商品化している対UAVシステムの展示も見られた。

ユーロサトリでは世界的規模の防衛企業から個人規模の新規参入企業まで、幅広く防衛産業の範疇とし、いわゆるベンチャー企業の先端技術も防衛技術として取り込みながら広く海外への展開を助成する等、防衛産業の発展に取り組む主催者、参加各国の姿勢が窺われた。

(3) 講演

展示会期間中、会場内10ヵ所に設けられた講演会場で連日、講演会が開催されていた。

講演は無料で、会場入口で配布される冊子「EUROSATORY CONFERENCES」（仏・英語）に約1時間のプログラムが紹介され自由に参加できるものである。初日と最終日は1～2件であったが、他の日はそれぞれの会場で平均2～3件（合計71件）が開催されていた。内容は、運用・兵站、制度、技術・装備動向や都市安全など多岐にわたり、講師はフランス政府職員、研究者、ジャーナリストや企業社員などが担当していた。研究者による人工知能（AI）の講演を2件ほど覗いてみたが、課題整理の発表が主体であり具体論までの言及はなかったようである。会場（70～80人）は満席で発表者のスライドを熱心に撮影する様子がみられ、議論よりも現状把握という雰囲気であった（図6）。AIは装備導入への初期段階にあるのではないかと思われた。

すべての講演に参加したわけではないが、ユーロサトリでは、さまざまな観点から防衛技術・装備品等の情報発信に力を入れている様子がテーマの広さからも感じられた。

図4　UAV・UGVクラスターの様子（上段中央部のバナーにUAV・UGVの表示）

図5　ユーロサトリラボの様子（写真左奥が展示ブース）

結100年目にあたる今年、ARQUUS社として統合されたことを、この展示会を好機として大々的に宣伝していた。なおARQUUS社パビリオンには100年前に活躍したルノーFT17型戦車が展示され、注目を集めていた。

(2) 各国の展示内容
　ア　日本
　防衛装備庁を中心に日本パビリオンを構成し、パビリオン内で7社が展示ブースを運営した（図7）。防衛装備庁の目的は、現有装備品の模型展示やUAV・UGVの試作品展示などを通じ防衛装備移転三原則に基づく、わが国の防衛装備・技術協力等の装備政策やわが国が開発した防衛装備品などに係る技術力についての情報発信である。他方、参加7社の展示ブースでは、わが国の優れたデュアルユース製品・技術

図6　講演会の一例

## 展示の内容

(1) 全般
　ユーロサトリにおける展示は、現在の最新技術を駆使した優れた装備品を展示し、展示を通じて今後の装備品の発展方向を示唆するとともに装備品の販売促進の機会でもある。欧州における装備品の開発で主導的な地位にある開催国のフランスやドイツを中心として、引き続き世界の装備品市場で最新装備の主要な供給者であり続けようとする意思と、その意思に裏付けられた多種多様な装備品に接する機会であった。
　一方で、域内における非効率な装備品の重複製造の効率化を図るため、EUD（欧州防衛庁）を中心に、EUとして中小各国が効率的に自国防衛のための装備品の共通化を実現する動きがあるといわれている。これらの共通点の一つは域内各国の協力、協業あるいは共同による装備品の創出である。ユーロサトリの主役となる装備品は前者の活動に関連する装備品であったと思われるが、そこでも複数の国により開発・生産された装備品の存在が目に留まった。
　国際的な装備品市場での競争力を高めるための手段とされるのが企業合併（M＆A）である。フランスRenault Trucks Defense社とAcmat社、Panhard社の3社が第一次大戦終

図7　日本パビリオン（全景）

図8　日本パビリオンにおける説明風景

7

の展示を通じ、優れた技術水準を踏まえた製品の説明とともに、製品や技術の購入、さらにこれらをサブシステムとして導入することの可能性等について情報発信をしていた（図8）。

今回の展示製品・技術は、通信システム、浄水システム、衝撃緩衝材、照明器具、衣服、ヘリパッド用敷材、赤外線カメラ、視察システムおよび映像関連ソフトウエア等であり、完成品からサブシステムや部品レベルの商品まで幅広く多様性のある展示内容であった。来訪者数は防衛装備庁レセプションの行われた2日目（6月12日）を頂点に、期間内は順調に推移したと思われる。日本人見学者から「日本の高い技術力の展示を重視しており、他のパビリオンとは違った日本らしさが感じられた」との評価も頂いた。

イ　フランス

開催国であるフランスの展示は、当然のように量質ともに圧倒的な存在感を示していた。陸軍省、内務省がそれぞれパビリオンを運営するとともに（図9）、防衛産業のパビリオンもパリ地区、それ以外の地区に区分しブースを配置していた（図10）。特に、新たに発足したARQUUS社は屋内展示場の中心的な位置に展開し、多数の装甲車両を配置する等、宣伝効果を狙った展示要領であった。屋外の展示においてもタレス社、サフラン社などを中心にプレハブ式のパビリオンの設置とともに各種の装備品を配置した展示を行っていた。見学したプレハブ式のパビリオンでは潤沢な空間を使い、戦場を模したディスプレイに合せたBMS（バトルマネジメントシステム）関連製品を展開し、最新装備システムの必要性と他国装備に対する優位性をそれとなく強調する様子が印象的であった。

ウ　その他の欧米諸国等

各国とも特徴のある展示をしていたが、欧州における巨大防衛産業を擁するドイツは屋内展示はもとより、屋外展示を重視した態勢であったように思われた。屋外ではラインメタル社、ベンツ社、フォルクスワーゲン社等が多数の車両装備を展示し多くの見学者を集めていた。

特にフランスの展示場との隣接した地域では2015年にドイツ・フランスの代表的な装備品製造業が統合した企業の最初の装備品としてEMBT（European Main Battle Tank）が展示されており多くの注目を集めていた（図11）。日々、来場者に配布される資料でも「EU tank breaks cover」との見出しで表紙を飾っていた。EMBTはドイツの車体部とフランスの砲塔部を結合した新型戦車とされるが、EMBTの両脇にはドイツのレオパルド戦車とフランスのルクレール戦車を並べる等、演出にも工夫を

図9　フランス陸軍省パビリオン正面の様子

図10　フランス防衛産業パビリオン（パリ地区）の様子

米国は、室内展示にロッキード社のミサイルシステムを展示するとともに大規模な防衛産業ブースを配置し存在感を示していた。筆者が興味をもった装備として、オーストリアとスペインが共同開発したとされる戦闘車両のASCOD（Austrian Spanish Cooperation Development infantry fighting vehcle）にゼネラルダイナミクス社（ヨーロッパ）が協力し、同一の車体構造を利用してイタリア製120mm砲塔を擁する主力戦車とゴム履帯を装着した装甲戦闘車両を展示していた。

　なお野外展示場にはテキサス州から輸送した現役のＭ１戦車、AH64、UH60ヘリコプタを配置し、兵士が見学者からの質問に直接答える等、他国とは趣の変わった展示であった（図12）。またマイクロソフト社の展示ブースがあった。今回は教育資料の効率的な作成支援システムの展示に限定されていたようであるが、人工知能等、今後の展開の方向性が気になるところであった。

　その他の国で特徴のある展示としては、イタリア、トルコとイスラエルが挙げられる。イタリアでは「政府によって採用された」という看板を設えた装甲戦闘車両チェンタウロⅡと思われる車両を展示していたが、撮影は厳しく禁止されていた。英国については、大規模防衛産業の展示はあったもの存在感はそれほど大きくなかったようである。EU内における国家関係の変化による影響があるのではないかとも感じられた。

　トルコは、展示会場入り口付近の見栄えのする場所に戦車をはじめとする戦闘車両、離れた場所であるが装甲車両の展示ブース、さらにはユーロサトリ唯一であったと思うが戦艦等の船舶展示ブースを展開する等、幅広い分野での展示により積極的な参加意欲を感じた。

　イスラエルは統合防空システムの模型をはじめとする実運用で評価の高い装備品の展示をはじめ、攻撃用小型ドローンやドローン対処レーザシステム等の話題を先取りした装備品を中心

図11　EMBTの外観

図12　テキサス州から輸送された米陸軍Ｍ１戦車の展示

に、実績を背景とした装備品展示という雰囲気であった。

### エ　アジア諸国

　アジア諸国の展示はそれほど大規模なものはなかったように思われた。中国は国としてのパビリオンの設置はなく、大きく三つに分散した展示であった。このうち最も規模の大きかったものはNORINCO（中国北方工業公司）のブースで、戦車・ミサイルシステムの模型を展示するなど比較的大きな規模の展示であった（図13）。少し離れた場所に制服等の被服類のブースと弾薬などを展示するブースが設置されていた。また韓国は自走砲の実物を展示するとともに、Ｋ２戦車、Ｋ21歩兵戦闘車の模型のほか弾薬類を含め、さまざまな装備品を展示するなど

図13 中国の展示の一部

図14 韓国の展示の一部

ラスター」部門にUAV・UGV区分を設ける等の工夫により、関連装備が一堂に会することによる新たな発見や新装備の展示を狙っていた点は大いに評価することができる。一方で、クラスター以外のブースにも多くの展示がみられる等、関係する企業が多いことも事実である。また民間セキュリテイを含め活用分野も広いことから、多くの関係者の注目を集めていたと思われる。無人機の発展はソフトウエア、計算処理能力や動力源等がキーテクノロジーとされており、外観のみでの判別は困難である。これを踏まえて今回のユーロサトリでの展示装備品を観ると、これまで研究開発段階であったものが実用化され着実な発展を遂げている様子が感じられた。

特異なものとして、遠隔操作による銃器搭載のUGVの展示があった。操縦可能な範囲は無線、有線とも一定の範囲内に限定されたものであり、装備品としての実用化には未だ至っていないと思われた。また超小型UAV（Nano UAV等）による屋内偵察では、さまざまな障害物により飛行が難しいことから、動物（犬）を利用した偵察能力とのコラボレーション効果を狙った偵察用撮像システムの展示があったが、訓練された動物の実動展示もあり多くの見学者を集めていた（図15）。

一定の規模で幅広く装備品を紹介する意欲が感じられた（図14）。両国とも派手さはないが、自国装備品の幅広い分野で装備品市場への浸透を図っているように見受けられた。

一方、インドでは最近インド資本に変わったドイツの防弾材メーカーのブースが目を引いたものの、その他の展示ブースの存在感は大きくなかったように感じられた。なお、このほかのアジアからの出展は、シンガポール（連結装甲車）、タイ王国（タイヤ、装軌車用転輪）の展示ブースが確認できた。

(3) 展示の注目点
　ア　無人システム
　　今回のユーロサトリにおいては、前述の「ク

図15 動物（犬）に装着する偵察装備

イ　次世代主力戦車

　主要な陸上兵器の一つである主力戦車（MBT：Main Battle Tank）について注目を集めたものが前述のEMBTである。2015年にフランスとドイツの代表的な製造企業が統合されたが、その後の短期間での成果物として製造されたもので、報道によれば2035年頃まで改善を続けながら完成を目指すとされている。この戦車はドイツのレオパルド戦車の車体部にフランスのルクレール戦車搭載の120mm戦車砲塔を結合したものとされている。

　またトルコの展示における戦車においても装軌車体部を共通化し他国の砲塔部を搭載することによる多種の戦闘車両を展示する等、将来の主力戦車開発の方向性を示唆していると思われる。これまで、次世代のMBTは新たな設計概念の方向性が見え辛く、それぞれ開発計画が明らかにされることが少なかった。今回のユーロサトリを通じて一つの方向性として、多国間の共同による従来概念の戦車が当面運用に供されるものと考えられる。このことは前述のアメリカのASCOD戦闘車両の展示からも推察されることでもあった。

ウ　全方位発煙システム

　一般に車載発煙システムは、戦闘場面において敵方向から飛来する赤外誘導ミサイルを検知して発煙するものであり、敵方向に向けて発射するように配置されている。その中で昨今の列度の低い戦闘場面などに運用される一般車両型の装甲車等に装着する全方位発煙システムが目に留まった（図16）。今後も赤外誘導のミサイルが多く使用され、あるいは新たな脅威として小型UAVが攻撃殺傷武器として運用されることを考慮すると、攻撃される方向が判別できない場合、車体の方向変換が容易でない装甲車等には有効な防御システムであると思われる。センサーなどはすでに開発されたものがあり、再装填に工夫が要ることが課題として残るものの、新たな防護手段の一つとして期待されるのではないかと思われる。

エ　個人装着用ケーブル埋め込みベスト

　主要な陸上装備である野戦砲等の代表的な製造業者であるBAE（British Aerospace）社の展示製品として、ベスト型情報端末接続装置がみられた。将来、個々の兵士が多数の情報端末を携行することが予想されるなかで個人装備のケーブルレス化を狙ったものである。導電性の素材を用いてジャケット内にケーブルを埋め込み、電源・情報の取り出し口として数種類のプラグをセットした試作段階にある製品が展示されていた（図17）。現在、多くの機器がUSB端子によって容易に接続・給電されることを考慮すれば、野外の情報端末に関するUSB化でもあり、隊員の操作容易性を大きく改善するこ

図16　全方位発煙システム搭載装甲車

図17　個人装着用ケーブル埋め込みベスト

とが期待できるものと思われる。

　　　　　＊　　　　　＊

　世界中に紛争が絶えないとしても装備品市場の爆発的な拡大はないと予測されるなか、欧州をはじめとする各国の装備品開発・取得はどのような方向に進むのであろうか。今回のユーロサトリ2018ではその解決の一方向といわれている各国・企業が連携、協力する様子を直接感じ取ることができた。現在、欧州では域内小国の防衛装備の新たな開発体制の整備も進められるといわれている。

　このような状況において、わが国は防衛技術をどのように発展させ、効率的に装備品を開発・取得していくのか。このためにデュアルユース技術をどのように活かしていくのか等の課題は多いが、何よりも世界の潮流を見聞できる環境に触れることが重要であり、ユーロサトリはその一つの機会であったことは間違いない。

　欧州最大規模の装備品展示会といわれるユーロサトリでは戦車、装甲車、火砲、ミサイル、通信機等の主要装備品に加え、そのサブシステムや部品のほか炊事用車両まで、陸軍が保有する幅広い装備品が展示されていた（図18）。今後、一社でも多くの国内防衛産業による海外展示プログラムへの参加が期待される。

図18　炊事車両の展示

---

**発売中**

本誌に連載の「イラストでよむQ&A」が単行本になりました

# 防衛技術のジョーシキ!?

いまさら聞けない
イラスト付
**防衛技術のジョーシキ!?**
―軍事・装備品 *68* の疑問―

防衛技術選書

「火薬と爆薬の違いは？」と聞かれてすぐに答えられますか？「どちらも爆発する怖い化学物質だし…」と考えている人は多いと思いますが誤解です。火薬はそれ自体で爆発しません。燃焼するだけなのです。一方の爆薬はダイナマイトに代表されるように、火薬の70万倍ものスピードで燃焼し爆轟します。このように何となくわいた疑問に応えるために多くの事例を集めてみました。本書のタイトルが『いまさら聞けない　防衛技術のジョーシキ!?』とあるように、防衛技術の研究者にとっても改めて参考になること請け合いなので、ぜひ座右に一冊置いてみてはいかがでしょうか。

（まえがき より）

防衛技術ジャーナル編集部 編

## 一般財団法人　防衛技術協会

〒113-0033　東京都文京区本郷3-23-14　ショウエイビル9F　TEL 03(5941)7620　FAX 03(5941)7651
http://www.defense-tech.or.jp

# INTERVIEW
### 民生有望技術 ──── 日本は何を？

## サイバー攻撃対策として AI（人工知能）を活用

日本電気株式会社
ナショナルセキュリティ・ソリューション事業部　主任
**千葉　靖伸 氏**

　政府系機関や大企業のコンピュータから個人のパソコンに至るまで、サイバー攻撃にさらされない日はない。しかも犯罪の手口はますます手法が巧妙化・高度化し、あらゆる分野に拡散する一方である。その反面、サイバーセキュリティに対抗する専門家は不足しているのが実態だ。その不足を補うために、AI 技術を導入して対抗しようとする動きが出てきつつある。今回は、そうしたサイバーセキュリティ支援サービスを行っている NEC ナショナルセキュリティ・ソリューション事業部で現状を聞いた。

聞き手／本誌編集部

**■ 近年は個人情報流出など、サイバー攻撃の被害が日常的に報道されています。サイバー攻撃の脅威は日増しに高まっているようですが、そうした現状についてお聞きします。**

　**千葉**　サイバー攻撃の件数と被害は年々増加しています。2017年度に国内のインターネット上で確認されたサイバー攻撃関連の通信は約1,504億件あったとの公開レポートがあります。5年前に比べると20倍です。また2017年に FBI に報告された米国内のサイバー被害は約30万件、被害総額14億米ドルに達しており、この被害額は2013年の約2倍です。さらにサイバー攻撃は件数の増加だけでなく、攻撃手法の高度化・巧妙化も進んでいて、その手法やツールは日々新たなものが生み出されている状況です。プロのサイバー犯罪集団が特定の組織・個人を狙って、組織的に高度な攻撃を仕掛けることも増えているのです。

**■ サイバー攻撃が増加・高度化する中で、その被害を防ぐために、もしくは被害を最小限にするためにどのような取り組みが必要と感じておられますか？**

　**千葉**　サイバー攻撃被害の防止や最小化は、単一の取り組みで達成できるものではありません。そこで、自身の組織が保有する情報システムの構成と、所有している情報資産の洗い出し、サイバー犯罪の一般的な動向を理解したうえで組織に内在しているサイバー犯罪のリスクを列挙・分類することが必要であり、この結果を使って対策を立案するのです。

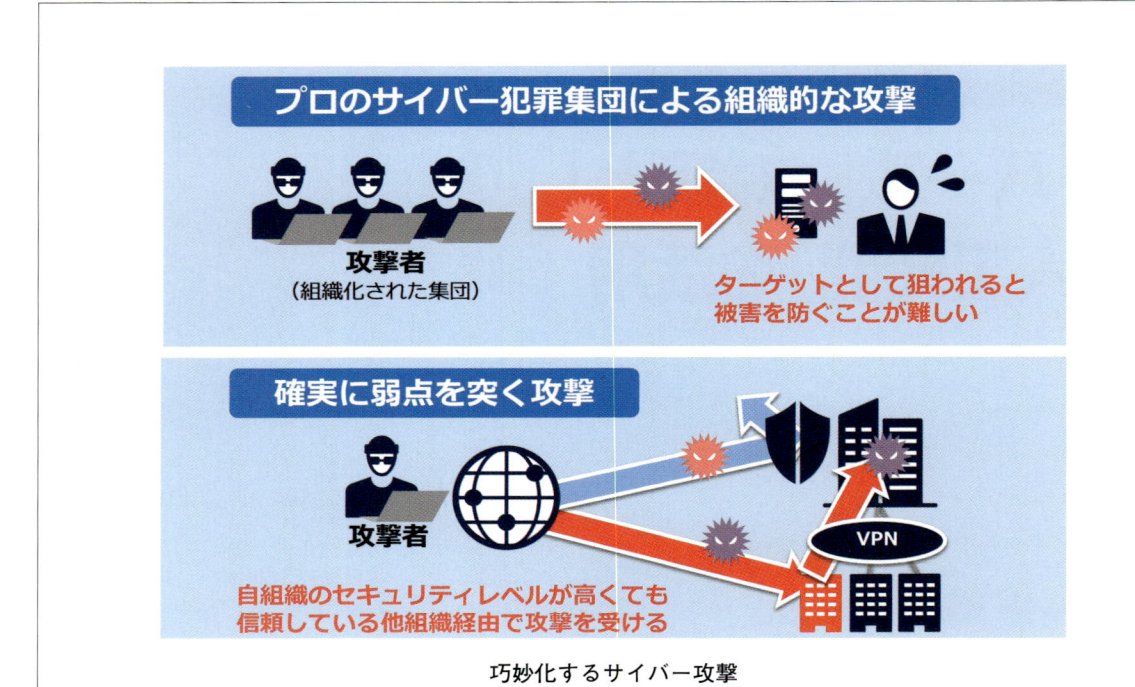

**プロのサイバー犯罪集団による組織的な攻撃**

攻撃者
(組織化された集団)

ターゲットとして狙われると
被害を防ぐことが難しい

**確実に弱点を突く攻撃**

攻撃者

自組織のセキュリティレベルが高くても
信頼している他組織経由で攻撃を受ける

VPN

巧妙化するサイバー攻撃

　対策としては例えば、PCへのアンチウィルスソフトウエアや、ネットワークの通信を監視しサイバー犯罪を検知する装置といったセキュリティ対策システムを導入することが考えられます。対策システムは単に導入すればよいというわけではなく、サイバー犯罪が行われているか否かを、当該システムを使って確認をしたり、最新の攻撃に対応するためのソフトウエアや設定を更新するといった運用体制の構築も必要です。

　また万が一、攻撃を受けた時の被害を最小にするため、迅速に証拠保全や原因究明、復旧作業をする必要があります。先ほどお話ししたように、サイバー犯罪件数は増加の一途をたどっており、被害の発生は決して他人事ではないですから、いつでも想定しておかなければなりません。

**なるほど、サイバー攻撃に対抗するためには多くの取り組みが必要ですね。すると、そのためには情報セキュリティの専門家が多数必要になると思います。人材の確保が難しいという組織はどうすればよいですか？**

　千葉　確かにそうした専門家を組織内に保有することは多額のコストも必要ですし、大規模な組織でないと難しいでしょうね。また情報セキュリティ専門の人材は不足していますから、大規模な組織であっても人材を十分に確保できるとは限りません。そのため多くの組織では、サイバー攻撃対策を当社のような情報セキュリティ専門家を抱える民間企業にアウトソーシングしているのが現実です。

　当社の場合、先ほどお話しした必要な取り組みのすべてについて支援を行うサービスを提供しています。

　具体的には、リスク分析と対応策の策定をするセキュリティ・コンサルティング・サービス、セキュリティ対策システム導入を支援するシステム構築サービス、セキュリティ対策システムの運用を行うお客様に代わって実施する運用監視・定期診断サービス、被害を受けた場合の対応を支援する緊急対応サービス・詳細解析サービスなどを提供しています。

最近のサイバー攻撃動向まとめ～攻撃の２極化へ～

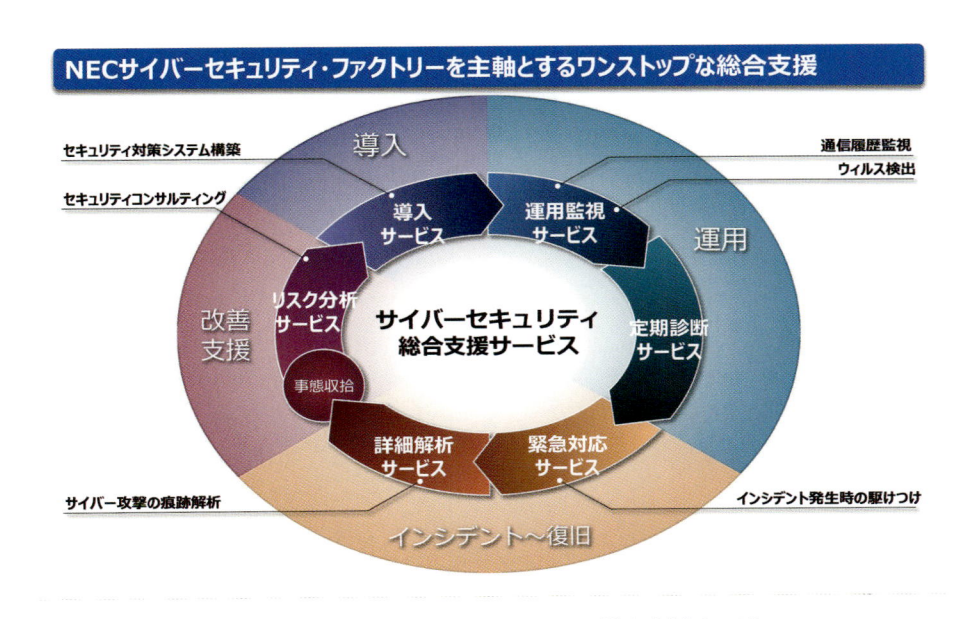

NECが提供するサイバーセキュリティ総合支援サービス

■御社のようなサイバー攻撃対策を支援する企業では、情報セキュリティの専門家を多数抱えておられるとはいえ、ますますサイバー攻撃が増加・高度化していく中でご苦労されていることはありませんか？

千葉　はい、サイバー攻撃の増加に伴って運用監視サービスに対する需要が高まってきています。そのため、当社でも需要に対応するための人材確保にさらに力を入れないといけないと考えています。現在確保している人材で多数の

15

**解決策** セキュリティデバイスの誤検知の識別をAIエンジン搭載の機械が支援

AIによるサイバーセキュリティ監視支援

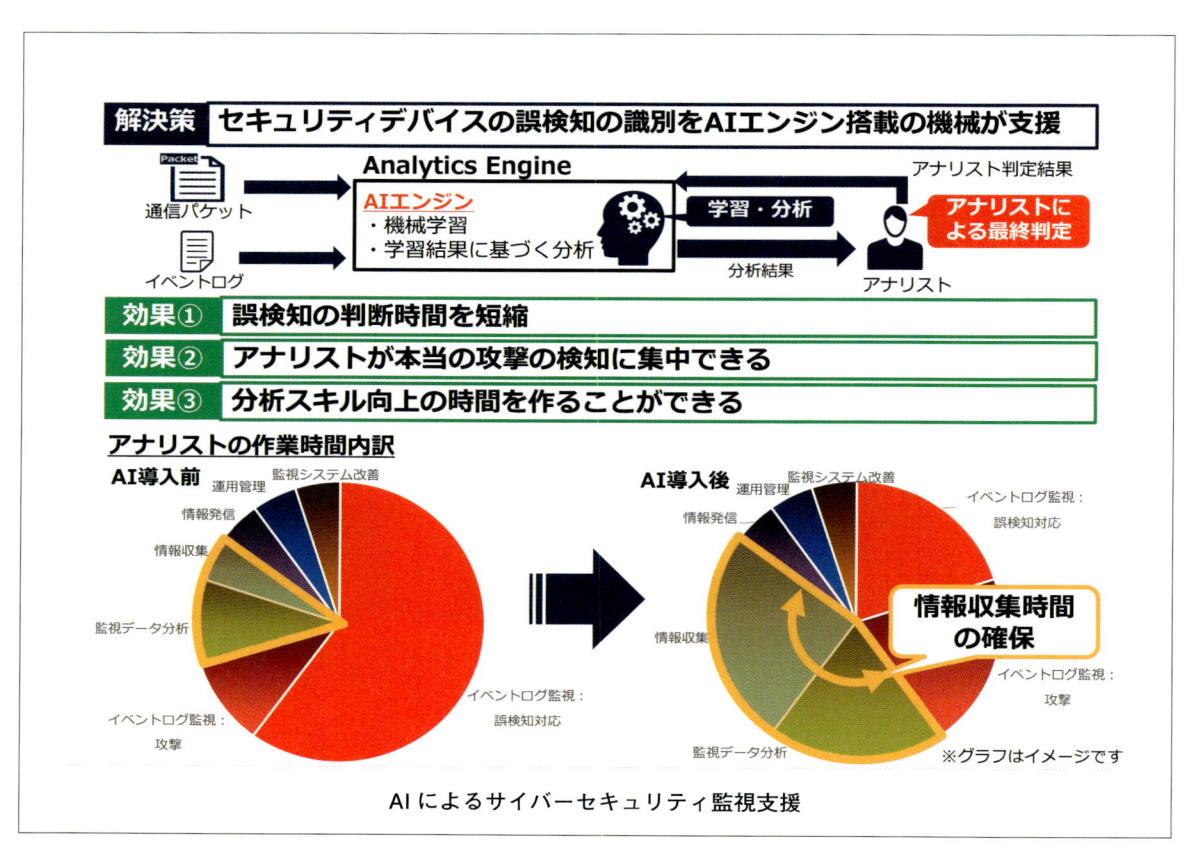

効果① 誤検知の判断時間を短縮
効果② アナリストが本当の攻撃の検知に集中できる
効果③ 分析スキル向上の時間を作ることができる

アナリストの作業時間内訳（AI導入前／AI導入後）
※グラフはイメージです

業務を効率的にこなすようにしていますが、将来においてのサービス品質の低下を招かないためにも、高度化したサイバー攻撃に関する知識を習得する十分な時間の確保が必要と考えています。当社ではこの課題を最優先事項の一つと捉えており、対策に力を入れているところです。

**人材不足による問題の短期的な解決は大変困難だと思われますが、どのような対策を図られているのですか。**

千葉　情報セキュリティ専門家の業務の一部を、人工知能（AI）によって代替することを進めています。具体的には、セキュリティ対策システムの運用監視サービスにAIを活用し、問題の解決を図っています。運用監視サービスでは、お客様のネットワークに設置された攻撃検知システムが出力する攻撃の可能性を示唆する情報（ログ）をリアルタイムに分析して、実際に攻撃されたのか否か、被害が発生したのか否かの判断をします。実際に攻撃・被害が確認された場合には、電話やメール等でお客様に通報します。分析には、アナリストたちが24時間365日体制で取り組んでいます。運用監視サービスは大量のログ分析をアナリストが行っていますが、この業務は多忙になるばかりです。このままでは分析作業や顧客への通報が遅延したり、アナリストの注意力低下が原因で分析精度が落ちたりする可能性があるほか、アナリストのスキル向上（つまり勉強するため）に必要な時間の確保にも影響が出ないとはいえません。

そこで、こうした悩みを解決するためにAIの活用を決断しました。AIをアナリストの分身として、ログの分析業務の一部を肩代わりさせます。AIには、ログ中の大部分を占めている実攻撃ではないもの（誤検知など）を選別するという役割を担わせています。これにより、アナリストが確認すべきログの数を減らすことができ、アナリストは余裕をもって、脅威とみられる重要なログの分析だけに注力することが

## ■アナリストが分析するイベントログの件数を50％削減

AIによるサイバーセキュリティ監視支援：導入効果例

**■ AIが果たしている役割について、もう少し詳しくお聞かせください。**

千葉　当社のAIは、ログと当該ログのアナリストによって得られた分析結果を合わせて学習しています。その学習の結果、アナリストの思考がAIの中に取り込まれます。その後は、学習されたログと同様のログについてAIが判断できるようになります。こうした学習は常時行われていますから、いつでも最新のサイバー攻撃手法に対するアナリストの知見がAIに活かされているわけです。

**■ AIを導入した効果はどれほどですか？**

千葉　アナリストの作業負荷を50％くらいまで軽減できました。しかもAIが判断を誤るということは決してありません。ただしAIにも想定の範囲がありますので、それを超えるレベルの事象となるとこれはアナリストの判断に任せることになるでしょうね。

**■ サイバー攻撃に対抗するため多くの取り組みが必要だということは分かりました。最後にAI技術が進化する中で、運用監視サービス以外にAIを活用できる可能性はいかがでしょうか？**

千葉　AI技術はこれからも進化していくと思われますが、AIが人間の能力を超えるまでには数十年の時間がかかるだろうとの予測があります。当面は、AIの特性である長時間動作の継続性と思考がブレない（疲れない）点に注目し、人手を要する比較的単純な業務の代替や、高度な知的判断の支援に活用するということが現実的なところではないでしょうか。例えば、サイバー攻撃対策に必要な取り組みの中で特に多くの人手を要する業務である被害を受けた場合の原因究明や復旧作業などにAIを活用することも考えられています。

**■ これからのご活躍を期待しています。どうもありがとうございました。**

## 防衛技術アーカイブス

# 火砲の歴史と支える技術・その意義
### ＜後編＞

株式会社日本製鋼所 特機本部
顧問

## 師岡　英行

### わが国の火砲の歴史

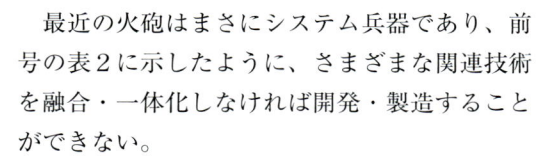

　最近の火砲はまさにシステム兵器であり、前号の表2に示したように、さまざまな関連技術を融合・一体化しなければ開発・製造することができない。

　ところで、後にも述べるが、第2次世界大戦の敗戦によりすべてを失い、戦後、ゼロからのスタートとなったわが国の火砲製造体制は、さまざまな制約の中でも着実な歩みを見せ、今では世界に冠たる自走式火砲の一つといわれる99式自走155mmりゅう弾砲を国産開発できるまでになっている。しかし、ここに至るまでには、戦後の日本人の勤勉さと努力もさることながら、火砲伝来以降、大東亜戦争終戦までに蓄積されてきた日本人の火砲作りに対する感性や火砲作りに関わる知見・技術の伝承が大いに貢献したのではないかと考える。

　そこで、ここではわが国に火砲がもたらされてからの歴史を振り返ってみることにする。ただし、野砲・山砲等陸戦で用いられた火砲に偏った記述内容になることをお許し願いたい。

(1)　第一の火砲伝来

　小銃（火縄銃）がわが国に伝来したのは1543年であるが、火砲の伝来は大友宗麟が1560年頃にポルトガルの商人から入手した図10に示すフランキー砲（石火矢：いしびや）といわれる後装式青銅砲が最初といわれている。当時の火砲は一般的には前装式（火砲の前から砲弾を装填する方式）であったが、このフランキー砲は珍しく後装式であった。

図10　フランキー砲（石火矢）
（出典：図説 幕末・維新の銃砲大全）

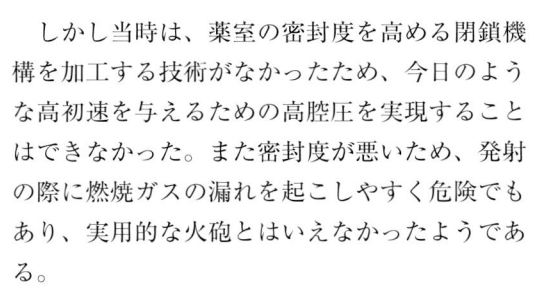

しかし当時は、薬室の密封度を高める閉鎖機構を加工する技術がなかったため、今日のような高初速を与えるための高腔圧を実現することはできなかった。また密封度が悪いため、発射の際に燃焼ガスの漏れを起こしやすく危険でもあり、実用的な火砲とはいえなかったようである。

火縄銃は戦国時代の戦闘にも使用され独自の発展を遂げた。しかし大砲は火縄銃を大威力化したものという認識が主流であり、大砲を独立したものとして進歩・発展させる意識は乏しく、独自の発展はしなかったようである。

わが国の火砲関連技術が発展しなかった理由として、日本では攻城砲としての使用ニーズがなかったからだという説がある。しかし日本にも城はあったし、大坂の陣では大砲が使われていたと伝えられていることからすれば「徳川幕府による争いのない時代（大砲が使われない時代）が続いてしまったこと」「ヨーロッパのような平原が少なく、大砲（重い火砲）を運搬して使うより、軽量の小銃を使用する方が得策と考えられたこと」等が真の理由であったと考えられる。

### (2) 第二の火砲伝来

ヨーロッパにおける火砲技術も16～17世紀以降は停滞していたのであるが、18世紀後半から始まった産業革命を契機に著しい技術的進歩を示すようになることは先に述べた通りである。これに比べ、わが国では上述のような理由からであろう、火砲関連技術・製造体勢は完全に停滞していたといっても良い状況であった。そのような中、技術的に進歩した火砲を装備した欧米列強が、わが国周辺に押し寄せ、砲艦外交を展開することになる。

「太平の眠りを覚ます上喜撰（蒸気船）、たった四杯で夜も眠れず」の川柳に象徴されるように、わが国は欧米列強との技術格差、特に兵器・火砲の技術的・性能的ギャップに驚かされるのである。

図11　陸上型アームストロング砲
（出典：図説 幕末・維新の銃砲大全）

国内には「攘夷論」が沸き起こり、欧米列強に武力で抵抗しようとする藩も出てくる。しかしながら、薩英戦争（1863年）、下関戦争（1863および1864年）等の歴史が教えているように、実力の違いは如何ともしがたいものであった。例えば薩英戦争では、英国は、当時最新の後装式鋼製火砲であるアームストロング砲を艦載砲として使用していた。図11は陸上型のアームストロング砲である。一方のわが国は、16～17世紀の火砲と変わらない前装式青銅製鋳造砲を使用していた。これでは基本的に勝負にならない。

### (3) 明治開国後の火砲製造技術の発展

やがて薩摩や長州等のように、欧米の先進技術を積極的に取り入れることに努力する藩も出てくる。錬鉄（鋼よりも靱性に劣る鉄）を作り出すための反射炉を建設する藩や、青銅製の火砲製造を行う藩などがその例である。幕府も関口火砲製造所（後の東京砲兵工廠）や砲台を設置して兵器の近代化を進める。

これら幕府や各藩の保有する火砲、精錬炉、鋳造工場等は、やがて明治以降のわが国の軍隊や軍の兵器製造工場である砲兵工廠として使われることになるのだが、わが国が本格的に近代的な火砲の開発・製造を始めたのは明治の開国からといっても過言ではない。

ちなみに、表3は1870年（明治3年）に大砲を100門以上保有していた主な藩とその保有数を示したものである。

表3　幕末・維新頃のわが国の主要な藩の保有火砲

| 藩名 | 施条砲 | 大砲総数 | 藩名 | 施条砲 | 大砲総数 |
|---|---|---|---|---|---|
| 徳川幕府 | 394 | 1,500 | 佐賀藩 | 45 | 201 |
| 尾張藩 | 5 | 124 | 福岡藩 | 0 | 104 |
| 紀伊藩 | 40 | 105 | 加賀藩 | 146 | 205 |
| 薩摩藩 | 50 | 290 | 松江藩 | 32 | 101 |
| 長州藩 | 109 | 220 | 徳島藩 | 39 | 259 |
| 土佐藩 | 0 | 100 | 秋田藩 | 11 | 111 |

(単位：門)

　さて明治開国後、わが国は、国を挙げて火砲の近代化・国産化を図っていくが、もちろんその過程では欧米からの技術導入に努めた。注目すべきは、わが国がその技術を短時間で吸収し自国の製造技術として確立していったことである。これには、わが国の刀鍛冶や鉄砲鍛冶によるモノ作りの技術が大いに役立っているのではないかと考える。大砲が伝来して以降、ほどなく大砲に極めて類似したものが製造されているし、火縄銃は欧米に劣らない性能のものであったともいわれている。それほどわが国の刀鍛冶・鉄砲鍛冶のモノ作り能力は素晴らしいものであったようである。

　しかし、もちろん開国してすぐ欧米に匹敵する火砲が製造できたわけではない。先にも述べたように、明治開国時、わが国が保有する先進的な火砲は輸入砲であり、保有していた主力は前装式の青銅砲であった。1894～95年の日清戦争では、独自開発の火砲を製造できる技術もなく、射程距離も短く性能も低い**図12**に示すような青銅製の7cm野砲（4斤山砲）を使っていたといわれる。

　日清戦争後、これに代わる鋼製新式砲の要求に応え、1898年（明治31年）には、有坂中将が設計した**図13**に示す31年式速射野砲が採用された。これが日本独自で野砲を設計した最初のものであったが、砲身は砲架に固定されただけのもので、駐退複座機構は取り付けられていなかった。そのため1発射撃するごとに大きな反動力を受けて後退し、再照準に時間を要するため、発射速度も遅かった。

図12　四斤山砲
(出典：図説 幕末・維新の銃砲大全)

図13　31年式速射野砲
(出典：大砲入門)

　1904～1905年の日露戦争中から、野砲の性能向上のニーズが高まり、バネ式駐退複座機構を採用した75mm野砲をドイツのクルップ社から輸入し、これに若干の改良を施した38式野砲が登場する（**図14**）。第1次世界大戦（1914～1918年）頃から欧米では火砲の長射程化が進む。この流れに乗り遅れないために38式野砲の改造を行うとともに、自国での開発を試みたが技術的に難しかったようである。

　このため当時の最先端火砲といわれたフランス国営兵器工廠製の75mm野砲 Mle1897の流れ

たといわれているが、わが国の火砲関連技術の歴史をみると、外国に依存せず独自開発することがいかに難しいことであったかが窺える。とはいえ、1941年直前になると図17に示すように、戦艦大和の46cm砲身のような大型のものも製造できるまでになっていた。この砲身はこれまで述べてきたような単肉の自緊砲身ではな

図14　38式野砲
（出典：大砲入門）

図15　90式野砲
（出典：大砲入門）

図16　機動90式野砲
（出典：大砲入門）

図17　艤装中の戦艦大和
（出典：戦艦大和の建造）

をくむフランス・シュナイダー社製の75mm火砲を導入する。この砲は初の油気圧式駐退複座機構と開脚式砲架をもつ最先端火砲であった。それを数門輸入し、参考にしつつ独自開発しようと試みたようである。当時のわが国は、現在とは違い、国家の兵器製造組織である工廠を保有していた。しかしヨーロッパの先進砲レベルの火砲はわが国の技術レベルでは真似のできないものであったようである。

このような経過を経て、わが国は輸入したシュナイダー社製の火砲を一部、日本仕様に変更し、1932年に制式化したのが図15に示す90式野砲である。この火砲では初めて開脚式の砲架が採用されている。その後、機動性の向上を図るためサスペンション方式で車輪に直径830mmのパンクレスタイヤを採用し、その他にも若干の改良を加えて1935年に制式化したのが機動90式野砲（図16）である。

大東亜戦争末期に日本製鋼所が12cmおよび15cm高射砲を設計から製造まで一貫して行っ

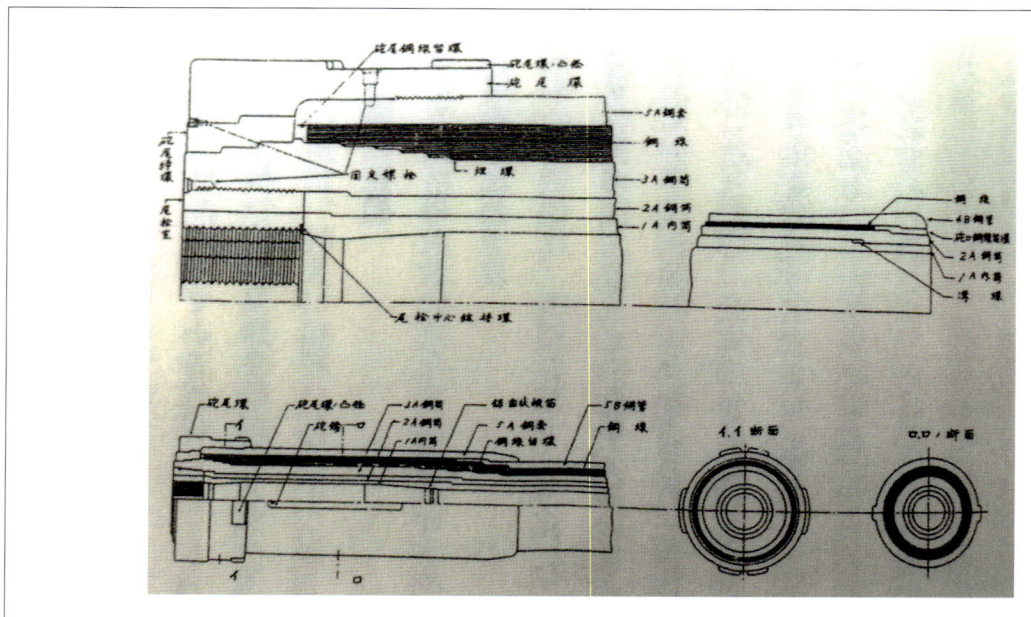

**図18　戦艦大和46cm主砲の構造**
（出典：巨大戦艦「大和」全軌跡）

い。2A根幹式と呼ばれる砲身で、図18に示すように、焼き嵌めやガンワイヤーといわれる高強度の鋼線を巻き付ける等の工夫を凝らした、五つの層からなる砲身（複肉砲身、層成砲身）である。構造は、内側から、施条が施された内筒（本来の砲身）、二つの鋼筒、鋼線筒、鋼套砲尾からなる。内筒は自緊砲身の原理を用いて鋼筒に密着させている。

なお戦艦大和の建造では、口径46cmの砲身以外の部分でも最高峰の技術が用いられ、戦後のわが国の産業復興に大きな役割を果たしたという。例えば、バルバス・バウという造波抵抗低減装置や建造に関する生産管理技術・ブロック工法等の技術は造船業や高層ビルの建設に、弱電技術は戦後の家電製品の製造に、測距技術は戦後のカメラ等の光学製品の製造に、大型大重量の砲塔駆動のためのローラーベアリングの開発は戦後の超大型工作機械に活かされたこと等がその例である。

当時、性能を犠牲にし、目先の調達コストの安さに目を奪われていたら、戦後の復興は難しかったかもしれない。今後のわが国の装備品の導入の検討において大いに参考となる歴史である。

(2)　戦後の火砲関連技術・製造体制の復活

さて戦前までの歴史を通して築き上げてきた、わが国の火砲技術および火砲製造体制は、終戦により瓦解してしまう。しかし次のような米国の政策が国際世界の構造的変化によって復活する。

その第一は、米軍が太平洋戦争において日本上陸のために太平洋地域にストックしていた各種の兵器を整備するロールアップ・リビルド政策があったことである。この政策を受けて、いくつかのわが国の企業は米軍監督下で兵器整備等の仕事を受注する。

第二は1950年に勃発した朝鮮戦争とその後の冷戦構造が継続したことである。朝鮮戦争が起こると、次第に米軍の車両や火器関係の整備等の仕事が、わが国のいくつかの企業に本格的に舞い込むようになる。日本製鋼所社史によれば、1952年頃から大阪機工株式会社や日本製鋼所等が、米軍設計図に基づき無反動砲等の火砲

の製造を請け負うことになったとある。

　朝鮮戦争が停戦になった後は、世界は米ソの冷戦構造となる。その中で、わが国は米国を盟主とする自由主義陣営に属し、自衛隊に火砲が装備されるようになっていく。自衛隊の装備は当初は米軍からの供与品であったが、わが国の防衛産業がライセンス生産や開発を経験することによって技術力を向上させ、わが国の防衛生産技術の基盤が逐次整い現在に至っている。

　自衛隊創設当時の火砲は75mm 榴弾砲Ｍ１Ａ１、105mm 榴弾砲Ｍ２Ａ１、155mm 榴弾砲Ｍ１Ａ２などのような米軍からの供与品等であった。やがてそれらのデッドコピー等の経験を経て、1980年に図19に示す155mm りゅう弾砲FH70をライセンス生産し、本格的に火砲関連技術を向上させ、遂に1999年、図20に示すような自己位置標定、自動装填、モジュール弾薬の採用等、先進的な機能をもった99式自走155mm りゅう弾砲を独自開発できる技術・生産レベルにまで達したのである。

　日本が幕末・維新の開国から大東亜戦争までの約70年間で概ね火砲を自ら開発・製造できるようになったという歴史および戦後ゼロの状態から約50年かけて純国産技術により、世界に冠たる99式自走155mm りゅう弾砲（99HSP）を開発できるまでになったという歴史を見ると、自国で火砲を開発・製造するには数十年という長い年月にわたる技術の蓄積と経験が必要であることが分かる。

## 火砲技術とロストテクノロジー

　弾道ミサイルや尖閣諸島を巡る事態への対応、宇宙やサイバー戦が注目される今日ではあるが、将来を考えたとき、これらの事態だけにわれわれの思考範囲を狭めてよいものであろうか。

　パレスチナ問題、クルド問題、ミャンマーのロヒンギャ問題等をみると、生活空間・領土の確保ということが民族の生存にとっていかに重要で、いかに深刻なものであるかが改めて理解される。そのことを考えると、グローバル化する国際社会の中で時代遅れとの批判を受けるかもしれないが、国防の最終的な目的は、いざという時に、不法勢力にわが国土を踏ませないこと、支配させないこと、すなわち生活空間・領土の保全ではないだろうか。

　そのためには、喫緊の事態対応、宇宙戦、サイバー戦への備えももちろん重要であるが、不法勢力排除機能、いうならば古典的な意味での近接戦闘能力を備えておくことは絶対に必要であると考える。特に近接戦闘では継続的に瞬間交戦性を発揮できる火力が必要であり、しかも今後の戦いにおいてはサイバー攻撃等の影響を受けることも考えれば、その影響を克服して火力発揮できるものでなければならない。その点、火砲は「発射速度が大きく、連続して間断

図19　155mm りゅう弾砲 FH70
（陸上自衛隊提供）

図20　99式自走155mm りゅう弾砲（99HSP）
（陸上自衛隊提供）

なく射撃できる能力が高い」「もちろん最新の火砲はネットワークの中に組み入れて運用することもできるが、電子妨害を受けても古典的な要領で射撃できる」「飛翔体（砲弾）に占める炸薬量の比率が精密誘導兵器よりも大きい」等という特性をもっているため有用な火力手段になりうる。

イラク戦争の頃、テレビ等で映し出される精密誘導兵器によるピンポイント攻撃があまりに印象的であった。そのため、これからは精密誘導兵器の時代であると思われがちだが、火砲の特性を活かさざるを得ない事態や、精密誘導兵器を用いることがかえって非効率な戦い方になってしまうことも考えられる。従って、今後の戦いにおける火力の投射手段としては、火砲か精密誘導兵器かの二者択一ではなく、両者の特性をうまく活かして火力を構成することが現実的ではないだろうか。

ところで、ロストテクノロジーという言葉がある。過去に使用された技術であったが忘れ去られ、今となっては正確に再現できない技術のことである。よくその例に上げられるのが紀元前6世紀頃にインドで発明されたといわれる「ウーツ鋼（ダマスカス鋼）」である。刀剣にしたものは図21、22のように複雑で綺麗な文様

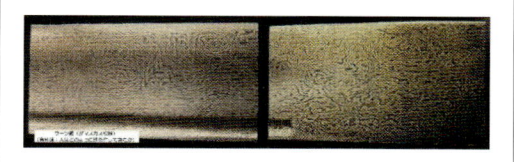

**図21　ウーツ鋼（ダマスカス模様）**
（出典：人はどのように鉄を作ってきたか）

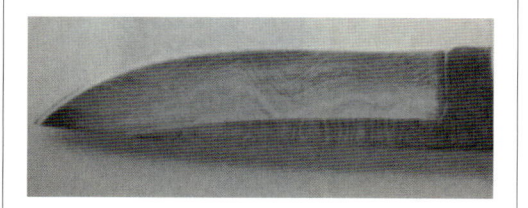

**図22　再現されたダマスカス模様**
（出典：ポケット図解・鉄の科学がよ～くわかる本）

が有名であるが、1750年頃をもってその技術は途絶えてしまい、模造は可能のようだが、正確には再現できないといわれている。そのような観点からすればピラミッド建造技術等もロストテクノロジーの一つであろう。

もちろん、膨大な人員、資金、時間をかければ、ロストテクノロジーの再現は可能かもしれない。しかしウーツ鋼やピラミッド建設技術の話は、獲得した技術は一度失うと簡単には取り戻すことができないことを示している。

一般に、モノを作ることは紙の上の知識だけでは難しい。実際のモノ作りを経験することで得られるテクニック、コツのようなものが必要である。それが真の意味での現実的なモノ作り技術である。外国の兵器をライセンス国産するような場合、図面上のデータをもとに設計・製造しても、期待する性能が得られないことは多々ある。ちょっとした鼻薬的な部分が足りないのだ。それがモノ作りの妙とでもいえるものであろう。このようにモノ作りの技術は経験を通して獲得される部分が多く、また継続的に磨いておかないと、いざという時に役立たない代物なのである。

人工知能（AI）がさらに進歩し、熟練者の感性や微妙なコツまで再現できるようになれば熟練者の確保等ということは考えなくてもよくなるかもしれないが、それまでは技術の確保とその伝承のために、計画的に人材を育成していく必要がある。まだまだ技術を継承するのは「人」なのである。

他の兵器関係の技術も同様であろうが、火砲関連技術は、けっして一朝一夕で得られるものではない。そのことは先述したわが国の幕末～明治開国以後の火砲の開発・製造の歴史や、戦後の火砲の技術開発復活の事実を見れば明らかである。

＊　　　　＊

戦後のわが国の火砲の製造・開発は、さまざまな制約の中で行われてきたが、今やわが国は

世界最先端の火砲を開発・製造し、それを維持・整備できるまでになっている。一方、最近の火砲にはさまざまな電子技術やネットワーク技術が導入され、組織全体としての火力システムに組み込んで、より効率的に火力を発揮できる兵器として発展しているが、特に精密誘導兵器に比べて電子的妨害を受けても古典的な要領で火力発揮でき、しかも継続的な発射速度が大きい等の特性は火砲の大きな利点であろう。

火砲と精密誘導兵器には両者それぞれに利点がある。二者択一ではなくそれぞれの特性を活かして運用してこそ、幅広い戦い方に対応できると考えられる。そのため火砲に関しては、情報通信技術に頼り過ぎず、古典的な方法でも火力発揮できるようにさまざまな態勢を維持しておくことが必要である。もちろん、モノ作りの視点からは、営々と築いてきた火砲関連の技術を蔑ろにしてロストテクノロジー化させてはならない。

最後に、本稿執筆にあたっては以下の文献を参考にさせて頂いた。ここに記して深甚なる謝意を表する。

(完)

---

**参考文献**

- 世界大百科事典　下中直人編　平凡社　1988．3．15
- 国民大百科事典8　下中邦彦編　平凡社　1977．11．20
- ブリタニカ国際大百科事典4　フランク.B.ギブニー編　㈱ティビーエス・ブリタニカ　1974．3．1
- ブリタニカ国際大百科事典2　フランク.B.ギブニー編　㈱ティビーエス・ブリタニカ　1973．6．1
- 世界銃砲史（上・下）　佐藤今朝夫著　国書刊行会　1995．11．20
- 図説 中世ヨーロッパ武器・防具・戦術百科　マーティン.J.ドアティ著　日暮雅道訳　原書房　2010．7．29
- 火器の誕生とヨーロッパの戦争　バート.S.ホール著　市場泰男訳　平凡社　1999．11．20
- 戦争の世界史大図鑑　R.G.グラント著　樺山紘一訳　河出書房新社　2008．7．30
- 戦争の世界史（上・下）―技術と軍隊と社会―　ウイリアム.H.マクニール著　高橋均訳　中公文庫　2014．1．25
- 戦いの世界史― 一万年の軍人たち―　ジョン・キーガン、リチャード・ホームズ、ジョン・ガウ著　大木毅訳　原書房　2014．6．30
- 武器史概説　斎藤利生著　学献社　1987．4．24
- 図説・世界史を変えた50の武器　ジョエル・レヴィ著　伊藤綺訳　原書房　2015．2．15
- 図解 大砲　水野大樹著　新紀元社　2013．7．3
- 日本製鋼所社史資料―創業より50年間の歩み―（上・下）㈱日本製鋼所　昭和43年7月10日
- 戦争の科学　アーネスト・ヴォルクマン著　茂木健訳　主婦の友社　2003．9．10
- 図説幕末・維新の銃砲大全　藤原清貴編　洋泉社　2013．7．5
- 大砲入門―陸軍兵器徹底研究―　佐山二郎著　光人社　1999．9．8
- 戦艦大和の建造　御田重宝著　現代史出版会　1981．7．27
- 巨大戦艦「大和」全軌跡　原勝洋著　学研パブリッシング　2011．8．16
- 徹底図解　戦艦大和のしくみ　富永靖弘著　新星出版社
- 朝鮮戦争における後方支援に関する一考察（論文）―仁川上陸作戦に焦点を当てて―　田中明著　防衛研究所戦史研究センター2013年版
- 人はどのように鉄を作ってきたか　永田和宏著　講談社　2017．5．20
- ポケット図解「鉄」の科学がよ～くわかる本　高遠竜也著　㈱秀和システム　2009．6．20
- おもしろサイエンス　錆の科学　堀石七生著　日刊工業新聞社　2015．5．26
- 図説古代の武器・防具・戦術百科　マーティン.J.ドアティ著　野下祥子訳　2011．2．28

# 雑学！ミリテク広場

## 今月のテーマ
### カタパルトあれこれ
―重力式から電磁式まで―

文責／本誌編集部

　今年7月号の本欄テーマは「艦載機と艦上機、何が違う？」でした[1]。艦載機、艦上機といえばカタパルトを思い出される方が多いのではないのでしょうか。そこで本稿では、普段、あまり取り上げられていないカタパルトに注目してみました。

### カタパルトの始まり

　元来、カタパルト（catapult）とは投石器という意味のようです。投石器というイメージからすると小規模な装置に思われますが実際はかなり大掛かりの装置で、石はもちろん馬の死骸なども飛ばしたということです。映画では時折、ヨーロッパの中世の戦いの場面に投石器が出てきますが、大きな石が空を飛び、敵味方の陣地を破壊する様子はすさまじいものがあります。なおスリング（sling）も投石器と訳されるようですが、こちらは手に収まるパチンコのような小さなものです。しかし見かけより強力な武器だったようです。有名な話として、後にユダヤの王となるダビデが、大勢の敵兵が見守る中、たった一人で敵の大男のゴリアテを討ち取る場面があります。その時に使われたのがスリングだといわれています。
　カタパルトと航空機（飛行機）との関わりあいを見ますと、飛行機の発明者であるライト兄弟は、1903年の初飛行の後も研究を重ねて飛行試験を実施しています。その際に考案されたのが、これも世界初となるカタパルトによる発進です。図1はその時のイメージを示しています。このカタパルトによる射出方法は重力式で動力源は重錘でした[2]。
　なお、動力のないグライダーの話ですが、重力式カタパルトの大変興味深い話が今年になってケーブルテレビで放映されていました[3]。第二次大戦末期のドイツの捕虜収容所でのことです。この捕虜収容所は町を見下ろす古城コルディッツ（Colditz）を利用していて、ここに捕らわれていた英軍の捕虜が脱出を計画しますが、その方法がなんと城にある材料を活用し複座のグライダーを作り、城から脱出するというものでした。グライダーの飛ばし方は、城の屋

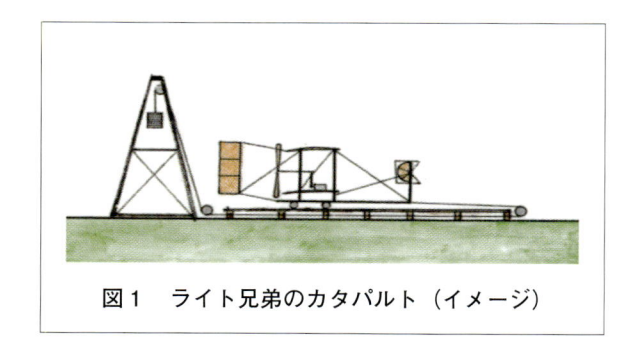

図1　ライト兄弟のカタパルト（イメージ）

26

根の頂上にある平らな部分をグライダーの滑走に利用し、射出の動力源はコンクリートを詰めたバスタブを落下させる、いわば重力式カタパルトでした。

実際にグライダーは完成しましたが、脱出敢行直前の1945年4月に収容所が米軍に解放され、このグライダーの飛行は実現しませんでした。ところが、それから67年後の2012年に英国の会社がこのグライダーの複製を作成し、実際の飛行にチャレンジしました。グライダーにはダミーの人形を乗せ、飛行の制御はラジコン方式だったそうです。このグライダーはコルディッツ城から飛行することには成功したものの着陸時に壊れてしまったようです。

## 軍艦とカタパルト

さて、カタパルトと軍艦の関係を見ていきたいと思います。念のため「カタパルト」を国語辞典で調べてみますと、三省堂・新明解国語辞典第7版（2018年1月）では「（軍艦から）短距離で飛行機を発進させるための装置」、同辞典の第5版（2000年12月）では「（空母以外の軍艦などから）飛行機を発進させるための装置とありました。また、よく引用される広辞苑の最新版でもほぼ同じ表現となっています。現在ではカタパルトといえば、すぐに空母を連想しがちですので少し意外に感じられるのではないでしょうか。しかし後で述べますように、第二次世界大戦中の日本海軍では空母にカタパルトが装備されていなかったことを考えますと、これらの辞典の表現も分かるような気がしないでもありません。

航空機を軍艦と組み合わせ、速力の高い航空機を活用すれば軍艦の能力を倍増できると考えるのは当然だと思います。米海軍においては1910年～1911年の間に車輪付きの航空機および水上機と軍艦との適合性を検討した結果、米海軍は水上機の方を選び、カーチス（Curtiss）水上機をA-1の呼称で海軍機として初めて採用しました[1]。水上機には偵察や弾着観測などの用途がありました。米海軍以外でも水上機の運用の検討がなされ、特にフランス海軍は水雷母艦を改修して世界初の水上機母艦を誕生させました[1]。その後、日本海軍も含めて各国で水上機母艦が運用されることとなります。この頃の水上機は出動のたびにクレーンで海上に降ろして離水する方式でした。このような水上機の運用は大変非効率なので、カタパルトを活用する方法が考えだされていきます。

米海軍ではカタパルトを軍艦で活用するための準備としてフロリダのペンサコラ湾において、まず石炭用のはしけ（coal barge）にカタパルトを載せ、そこから航空機を発進させる試験を1915年4月16日に実施しました。使われたAB-2飛行艇のパイロットは若年の中尉Patrick N. L. Bellingerで、試験は成功を収めました[4]。その後、米海軍は同じ年の11月5日に先の試験と同じペンサコラ湾でHenry C. Mustin少佐が装甲巡洋艦のNorth Carolinaから同艦に設置されたカタパルトを使ってAB-2飛行艇を発進させました（**写真1**）[5]。この試験の成功は、軍艦における航空機の活用に多大な影響を及ぼしました。

また英海軍では第一次世界大戦時、すでに多数の水上機を有していましたが、水上機をカタパルトから射出する試みは、大戦中の1917年7月5日に水上機のN.9をHMS Slinger（スリ

写真1　North Carolinaからカタパルトを使って発進するAB-2飛行艇

図2　水上機用のカタパルト（イメージ）

写真2　伊400

ングの使い手）の艦上からカタパルトを使用して射出する試験を実施しています[6]。

このようにしてカタパルトは米海軍、英海軍、日本を含めた各国海軍において戦艦や巡洋艦それに水上機母艦等に装備され活用されるようになりました。

水上機に使用されるカタパルトは、空母のカタパルトと異なり図2に示すように大体のものがトラス構造をした柱状の形をしていました。また第二次世界大戦頃の水上機用のカタパルトは水平方向に回転可能な構造となっているものが多くみられます。水上機を射出する動力源は火薬、高圧空気等がありますが、いずれの方式でも動力源からワイヤにより最終的には水上機を載せるフロート台に結合されています。日本海軍では呉式2号5型と呼ばれた火薬式のカタパルトが最も多く使われたようです。このカタパルトは全長19.4mで、約4,000kgの機体を加速することができました。戦艦大和も艦尾付近に2基のカタパルトを装備していました。

第二次世界大戦後は、軍艦から離着艦できるヘリコプタが普及し水上機と水上機用のカタパルトは使われなくなりました。

## 潜水艦とカタパルト

潜水艦からカタパルトを使って水上機を運用する試みは英国、フランス、ドイツ等で実施されていました。しかし潜水艦と航空機といえば、何といっても伊400ほど有名な潜水艦はないと思います。伊400は、1944年12月に就役した全長122m、基準排水量3,500トンの潜水艦であり、当時としては世界最大の潜水艦で航続距離は地球1周半もありました。

そして最も大きな特徴は、特殊攻撃機「晴嵐」を3機も収容できる格納庫と晴嵐を射出するカタパルトを装備していることです。写真2では艦首から船長の1/3ほどのところに格納庫の円形の扉が開いているのが分かります[7]。この扉から艦首に向かってスロープとなっているのがカタパルトです。カタパルトの動力源は潜水艦ですので高圧空気が使われていました。格納庫前のクレーンは晴嵐の収容用であり、使用しないときには折りたたまれています。

伊400の目的は日本からはるか離れた米国本土近くで浮上し、沿岸部を晴嵐で攻撃することにあったようです。伊400は終戦により米海軍に接収され種々の調査の後に海没処分となりましたが、戦後の米海軍の潜水艦に少なからぬ影響をもたらしたのはよく知られているところです。

## 空母のカタパルト

水上機は艦から離れる時にはカタパルトによって射出されますが、任務終了後には自ら海上に着水しクレーン等によって艦に揚収されます。このため水上機には機体の下のフロートが不可欠ですが、一旦空中に飛んでしまえば逆にまったく不要な物となってしまいます。一方、車輪付きの航空機はフロートが不要で、その分の抵抗が少なくなり高速力が発揮でき、しかも

ペイロードも大きくすることができますので、この型の飛行機を飛行甲板すなわち甲板が平らで広い面積をもつ軍艦で運用することが考え出されました。空母の誕生です。空母の始まりについては、多くの文献等に記されていますのでここでは省略します。空母を運用し始めた当時は、航空機はカタパルトを使用せずエンジンをフルパワーにして発艦していました。しかし爆弾等武器の搭載量が多い場合や飛行甲板が短い場合、カタパルトを使うことにより運用上の幅を広げることができます。

英海軍は世界に先駆けて空母用の油圧式カタパルトを実用化し、HMS Ark Royal（1938年就役）に搭載しました。その後、この技術は米海軍に提供されてRanger級等の空母に装備されましたが、米海軍はさらに改良を重ねた油圧式のカタパルトを実用化してEssex級から搭載しています。日本海軍も空母用のカタパルトの研究を進めてはいたものの実用化できませんでした。技術上のギャップが運用上の制約を課すことになってしまいました。

現在の空母、といってもほとんど米海軍のですが、空母のカタパルトは最新のGerald R. Fordを除いて蒸気式となっています。この蒸気式カタパルトも英海軍で考案されています。**タイトルバックの写真**は、現在も現役のNimitz級空母の飛行甲板の状況を示しています[8]。なおNimitz級は満載排水量97,000トン、長さ317m、幅40.84mの巨艦です[9]。写真左から二人目の黄色いジャケットを着た航空機誘導員の下がカタパルトになっていて、中間に一直線に走る黒っぽい線の部分が航空機を牽引するシャトルが通る開口部です。この開口部左右の甲板の下に2本のシリンダーが設置されていて、それぞれのシリンダーの中にピストンが1個ずつ入っています。二つのピストンは結合されてシャトルを駆動します[10]。

Nimitz級の空母には4基のカタパルトがあり、それぞれ高圧蒸気により約22トンの航空機を距離約92mで静止状態から時速約264kmまで2秒で加速する能力があります[9]。カタパルトの先端には水の性質を利用したウォーターブレーキがあり、ピストンとシャトルが制動されるようになっています。Nimitz級では、この蒸気カタパルトで、昼間では2機の発艦、1機の着艦を37秒で、夜間においては1分で対応しています[9]。

蒸気カタパルトは、油圧式よりも高速でかつ強力ですが配管が複雑となる上に能力低下につながる蒸気漏れ対策の技術が必要となります。空母の写真では漏れた蒸気が白い煙状になっているのが時折見られます。またカタパルトは大変長いので、航行中に弾性体の船体が受ける撓みに対する対策の技術も必要となります。一昔前のことですが、ある国の海軍がしきりに空母の建造を望んでいたと伝えられていましたが結局、当時はあきらめざるを得なかったそうです。その大きな理由の一つが蒸気カタパルトの技術がなかったためといわれています。なお現在、米海軍のほかにはフランス海軍、ブラジル海軍がそれぞれ1隻ずつ蒸気カタパルトを運用しています。

## 新しいカタパルト ―電磁式カタパルト

実績のある蒸気カタパルトですが、米海軍ではさらに使い勝手の良い電磁式カタパルトEMALS（Electromagnetic Aircraft Launch System）を開発し、2017年7月に就役した米海軍の新鋭空母Gerald R. Fordに、このカタパルトを蒸気カタパルトに代えて搭載しました。

このカタパルトはリニアモーターによって航空機を射出する装置で、船体に設置された固定子（stator）の上をまたがるように、実際に疾走する電機子（armature）が設けられシャトルがその上に固定されています[11]。この装置の特徴は、蒸気カタパルトと比較して、射出する航空機の速度・加速度のコントロールが容易となり機体に過度な荷重をかけることが避けられる、軽量な無人機から重量のある艦載機まで対

応可能となる、蒸気の場合に必要だったた複雑な配管が不要になる、従ってシステムの信頼性、効率が高くメンテナンスも容易になる、といった点にあります。

　このEMALSには大電力が必要となりますが、Gerald R. Fordでは原子炉が新型となり発電能力も従来よりも格段に向上したことがこのシステムの実現に寄与しているようです。**写真3**にGerald R. Fordを示します[12]。写真の白く太い4本の線の所がEMALSのある位置です。ここからはもうNimitz級のように蒸気の白い煙は出てくることはありません。

　さて、EMALSは良いことずくめのように思われますが、最新のシステムにはトラブルがつきものです。中にはこのシステムに批判的な指摘もあります[13]。しかし新しいものにトラブルはつきものなので、いずれ問題は解消されていくのではないかと考えられます。また英海軍も電磁式カタパルトの開発を試みましたが、現在は空母に搭載の予定はないようです。

　なお最近、中国も電磁式カタパルトの開発に取り組んでいて現在建造中の空母に搭載する可能性があるという情報もあります[14]。

**写真3　Gerald R. Ford**

---

**参考資料**

1) 「艦載機と艦上機、何が違う？」雑学！ミリテク広場、防衛技術ジャーナル2018年7月号.
2) www.wright-brothers.org/History_Wing/Wright_Story/Inventing_the_Airplane/Little_More_Oomph/Wright_Catapult.htm（ライト兄弟のカタパルト）
3) www.dailymail.co.uk/news/article-2116492/Flight-Colditz-British-PoWs-daring-glider-escape-takes-sky-67-years-late.html（コルディッツ城）
4) www.navalaviationmuseum.org/history-up-close/nas-pensacola-100th/coal-barge-catapult/（石炭用はしけのカタパルト）
5) www.navy.mil/navydata/nav_legacy.asp?id=1（North Carolinaのカタパルト）
6) https://www.iwm.org.uk/collections/item/object/1060000154（HMS Slinger）
7) https://news.usni.org/2013/12/12/finding-400-happened-matters（伊400）
8) http://www.navy.mil/gallery_search_results.asp（タイトルバック）
9) www.navy.mil/navydata/ships/carriers/powerhouse/powerhouse.asp（Nimitz級諸元）
10) journals.sagepub.com/doi/full/10.1177/1687814018772363（蒸気カタパルト断面）
11) https://www.defenseindustrydaily.com/emals-electro-magnetic-launch-for-carriers-05220/（EMALSの断面図）
12) http://www.navy.mil/ah_online/USSFord/index.html（Gerald R. Ford）
13) https://www.navytimes.com/news/your-navy/2018/02/16/report-emals-might-not-be-ready-for-the-fight/（EMALS批判）
14) https://www.cnn.co.jp/world/35121271.html（電磁式—中国の状況）

## 研究ノート

# 過渡弾道領域における弾丸加速に関する研究

株式会社日本製鋼所　広島製作所　技術開発部特機技術グループ
## 大平　晃嗣／青木　寿文

株式会社日本製鋼所　広島製作所　特機製品計画室
## 松山　孝男

## 1. はじめに

　過渡弾道とは、砲内弾道と砲外弾道を跨ぐ弾道領域であり、ここでは、弾丸が砲口を離れる直前から大気中を定常的に飛翔するまでの範囲をいう。

　弾丸は、発射薬が燃焼し発生した燃焼ガスにより付与される運動エネルギーによって高速で発射されるが、過渡弾道領域においても発射薬ガスの影響を受けて、速度が増加する。通常、砲外弾道計算は自由飛翔を前提としており、計算の初期値（初速）は砲口速度（砲内弾道の結果）ではなく、過渡弾道の終端の位置および速度を用いるべきである。しかし、過渡弾道は数十から数ms程度の非定常現象であり、高温高圧ガスによる極めて強い爆風を伴い、周辺の物を吹き飛ばしてしまう。そのため過渡弾道現象の直接的な測定は困難である。このため、爆風の影響の少なくなった時点で測定を行い、そのデータから砲口離脱時の速度（過渡弾道の影響含む砲外弾道の初期値）を外挿する方法が用いられている[1]。

　また過渡弾道領域の直接的な計測が困難なことから数値シミュレーションを行うことも試みられており、例えば、筆者の一人が実施した砲口制退器内の弾丸挙動の研究[2]の際に、過渡弾道計算を数値流体力学（CFD）解析でも実施し、過渡弾道領域での弾丸加速（速度増加）を求めている。しかし、当時は計算負荷の低減のため、2次元軸対称モデルで計算を実施しており、砲口制退器は現実とはかけ離れたモデルでの解析であった。近年、コンピュータ性能の向上やソルバの発展に伴い、計算時間は長期間であるが、3次元解析も現実味を帯びてきている。

　そこで本研究では、弾丸の加速に影響する弾底圧の算出に主眼をおき、155mm級火砲モデルと最強発射薬とを組み合わせた条件で、過渡弾道領域における3次元CFD解析を実施した。まず初めにCFD解析の妥当性の確認のため、一般に過渡弾道領域で発生する爆風衝撃波や弾底衝撃波などの再現性を調べた。そしてCFD解析より過渡弾道の終端を明らかにし弾底圧の推移を求め、そのデータを基に前記研究[2]で提

示した簡易解法で過渡弾道域における弾丸加速（速度増加）を求めることとした。

## 2. 解析対象およびCFD解析

### (1) 解析対象（制退器等の形状）

図1は本研究で解析対象とした砲口制退器の3次元モデルを示したものである。また図2に砲口制退器のバッフルを含む対称断面での、解析対象全体および弾丸・砲口付近の断面形状を示した。砲口制退器は7段のバッフルを有し、バッフルの向きは長軸と垂直ではなく若干、砲尾側に傾いている。これは155mm級火砲をモデル化したものである。

### (2) CFD解析について

CFD解析ではFluent Ver.16を用いて、3次元圧縮性流体の陰解法ソルバによる非定常計算を実施した。ここで計算負荷の低減のため、対称性を利用して1/4対称モデルで計算を実施することとした。1/4対称性を利用すれば、砲口制退器については図3の右上拡大図に示した1/4部分のみを計算対象とすればよい。砲身および砲口制退器の外に噴出するガスを解析対象とすることから、解析空間は図3に示したように半径50m×長さ100m円柱の1/4範囲とした。砲外の空間を大きくしたのはモデル空間の外壁面の影響を受けないようにするためである。

座標は長軸に沿い$x$軸を取り、原点を砲口位置とした（図4参照）。$z$軸は$x$軸と垂直に砲口制退器のバッフル側の向きにとり、$y$軸は$zx$面と垂直に取った。図4に砲口付近の$zx$断面のメッシュ分割を示したが、基本的に六面体メッシュとし、原点に近いほど細かく、離れるほど

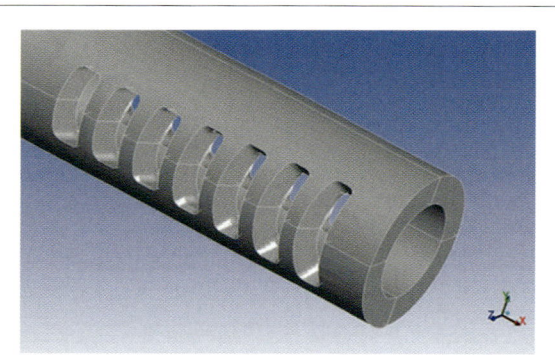

図1 砲口制退器の形状

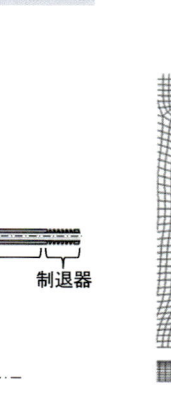

図2 断面形状
(a) 全体
(b) 砲口付近および弾丸

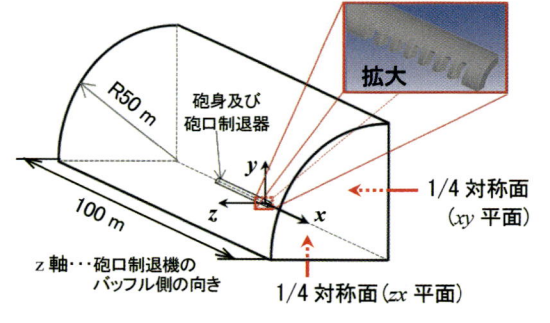

図3 概略解析モデル図

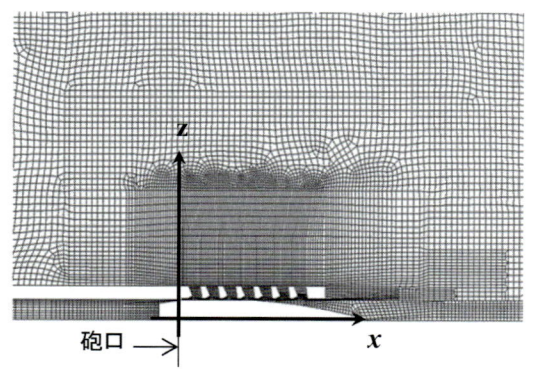

図4 解析モデル z-x平面メッシュ分割および座標原点

粗いメッシュ分割とした。

弾丸の運動は、起動から弾帯が砲口を離脱するまでは、Lumped Parameter Code（以下、LPC）による計算結果を与えることとし、砲口離脱後は砲口離脱時の速度一定値を近似的に与えることとした。これも計算負荷の低減のためである。また燃焼ガスの初期条件はLPCで算出された砲口離脱時の燃焼ガス状態量を弾丸装填時の薬室容積まで断熱圧縮した時の状態量として与えた。この方法は筆者の一人である松山らが砲口制退器なしで行った研究[3]と同様である。

## 3．CFD解析結果

### (1) 過渡弾道における圧力の確認

過渡弾道においては、弾丸の押出す空気によって生じる先駆衝撃波や先駆バレル衝撃波、さらに燃焼ガスの噴出とともに爆風衝撃波などを生じることが、一般に良く知られている[1]。ここでは、3次元CFD解析によって、それら現象が再現できているかを確認する。

解析結果の一例として、図5に過渡弾道の前半の2時点における圧力コンター図を示した。(1)図は過渡弾道初期（弾帯が砲口を離脱する直前）の弾底位置 $x = -0.10$ m の時点のもの、(2)図は弾丸が砲口制退器を通過した後の弾底位置 $x = 0.67$ m の時点のものである。(1)図より、弾丸前方に押し出した空気により先駆衝撃波や先駆マッハ衝撃波が発生し、砲口制退器のバッフル外側にも先駆衝撃波や先駆マッハ衝撃波が発生していることが窺える。さらに(2)図では爆風衝撃波などが発生していることも窺える。実際にそれら衝撃波を詳細に確認するために、図5上に表記しているLINE：X1沿いの圧力グラフを図6に示した。

図6には、図5の(1)(2)の時点および、その中間の計3時点の結果を示した。グラフによると、弾丸（弾底）位置 $x = -0.10$ m 時点では、$x = 1.4 \sim 1.5$ m および $x = 1.1$ m 付近で不連続的な圧力変化が存在しており、各々、先駆衝撃波と先駆マッハ衝撃波であることが確認できた。

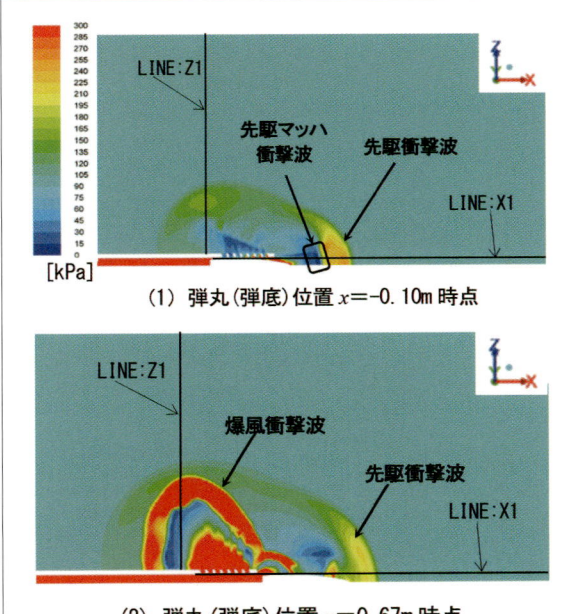

図5　過渡弾道（前半）の圧力分布

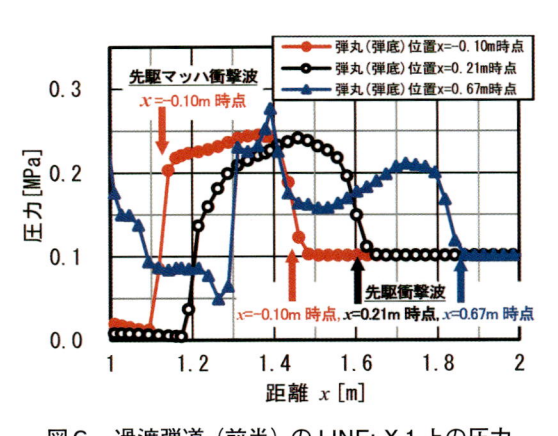

図6　過渡弾道（前半）のLINE：X1上の圧力

時間経過とともにこれら衝撃波は前方に移動し、圧力変化は減衰し、不連続的な圧力変動も鈍化傾向にある。

図示していないがLINE：Z1上の圧力も同様に調査すると、砲口制退器のバッフルから押し出された空気により、先駆衝撃波が鈍化した圧縮波が生じており、時間の経過とともに$z$軸正の方向に前進していた。加えて、バッフルから噴出し始めた燃焼ガスにより爆風衝撃波が発生し、前記の圧縮波より早い伝播速度で$z$軸正の方向に前進していることも確認済みである。

続いて、過渡弾道の後半の圧力算出結果の例を、**図7**と**図8**に示した。図7の(1)時点では爆風衝撃波やマッハ衝撃波の他に弾底衝撃波が生じていることが窺える。弾底衝撃波であることを確認するため、LINE：X2上の圧力を図8の(a)図に示した。グラフより弾底に付着するように少し離れて圧力の段差が現れており、弾底衝撃波であることが確認できた。図7の(2)時点では、爆風衝撃波が(1)時点よりも$x$軸および$z$軸の正の方向に前進している。参考に図8(b)図にLINE：X1上の圧力グラフを、(2)時点の前後の時点のグラフと併記して示した。

また図7の(2)時点ではバレル衝撃波が発生していることが窺える。図示してないが、実際にLINE：Z2上の圧力グラフを調べると、確かに

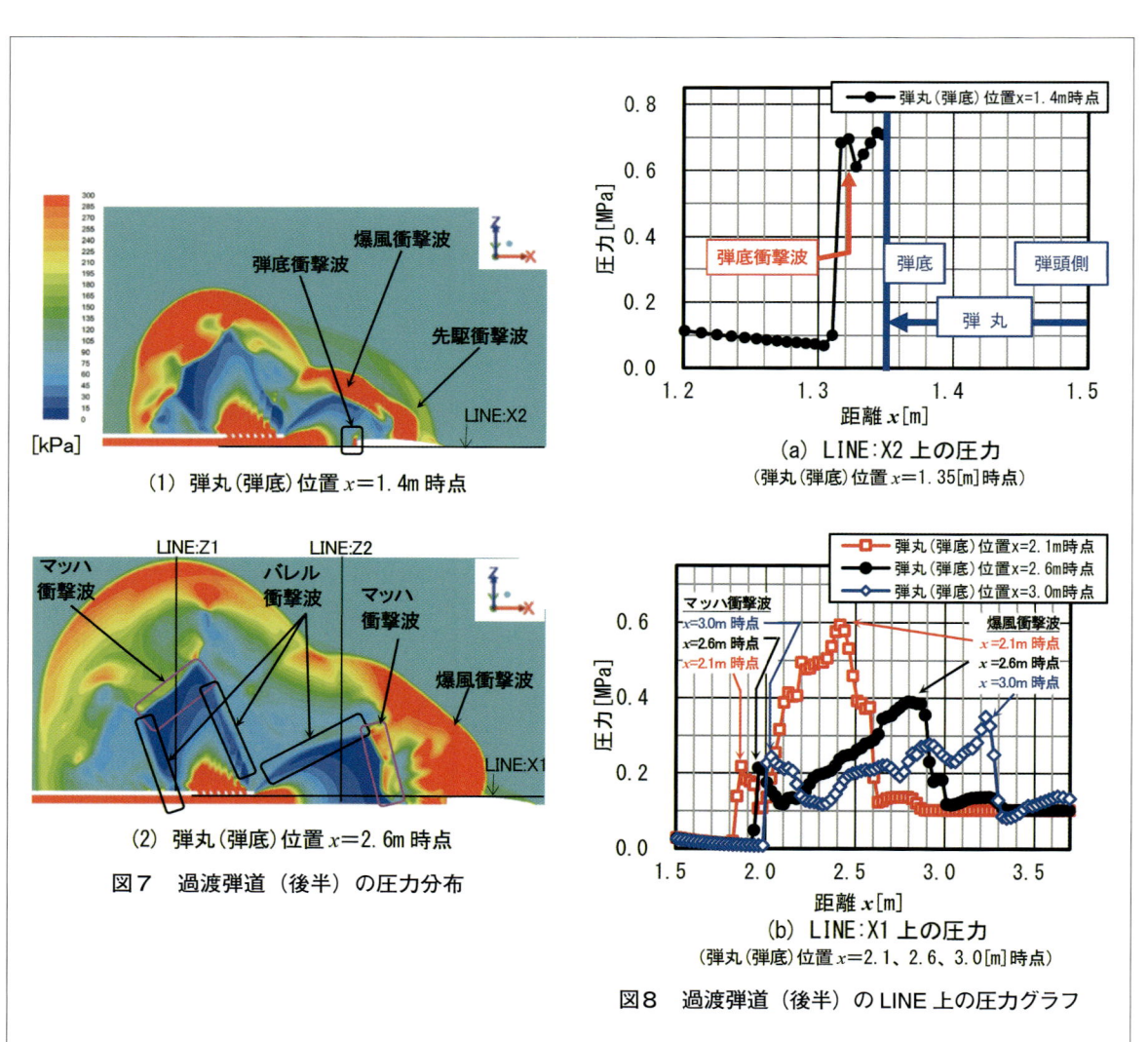

(1) 弾丸(弾底)位置 $x=1.4$m 時点

(2) 弾丸(弾底)位置 $x=2.6$m 時点

図7　過渡弾道（後半）の圧力分布

(a) LINE：X2 上の圧力
(弾丸(弾底)位置 $x=1.35$[m]時点)

(b) LINE：X1 上の圧力
(弾丸(弾底)位置 $x=2.1$、2.6、3.0[m]時点)

図8　過渡弾道（後半）のLINE上の圧力グラフ

爆風衝撃波のz軸後方に圧力段差が存在し、バレル衝撃波であることを確認している。

以上のように、過渡弾道領域で一般に発生する現象を、今回の3次元CFD解析においても再現しており、定性的ではあるが本CFD解析が実現象に即した解析となっていることを確認できた。

(2) 過渡弾道領域の終端について

射撃試験による観測から過渡弾道の終端を特定することは困難であるが、CFD解析結果を用いれば、弾丸表面の圧力推移がほぼ一定となる時点が明らかになるので、その段階を過渡弾道の終端と特定することができる。圧力を確認する弾丸表面の点は、図9に示したように弾底側および弾頭側で各3点、総計6点とした。これら弾丸表面6点の圧力推移を図10に示したが、図より定常状態となるのは弾丸（弾底）位置 $x=1.5$m（砲口制退器先端から約0.9m：約6口径）の時点とみなすことができる。

ただし、図11のようにグラフの縦軸の圧力最大値を1MPaにして詳しく調べると、厳密には、弾丸（弾底）位置 $x=4$m（砲口制退器先端から約3.4m：約22口径）までが過渡弾道領域であった。弾丸（弾底）位置 $x=4$m の時点での圧力コンター図を図12に示したが、この時点では弾丸が爆風衝撃波の通過後であることが分かる。逆に、この以前では弾丸は爆風衝撃波を通過中であるため、自由飛翔の状態とはなっていなかった。

なお弾底位置 $x=1.5$m 時点での弾底側と弾頭側の概算の圧力はそれぞれ0.3MPaと0.2MPa

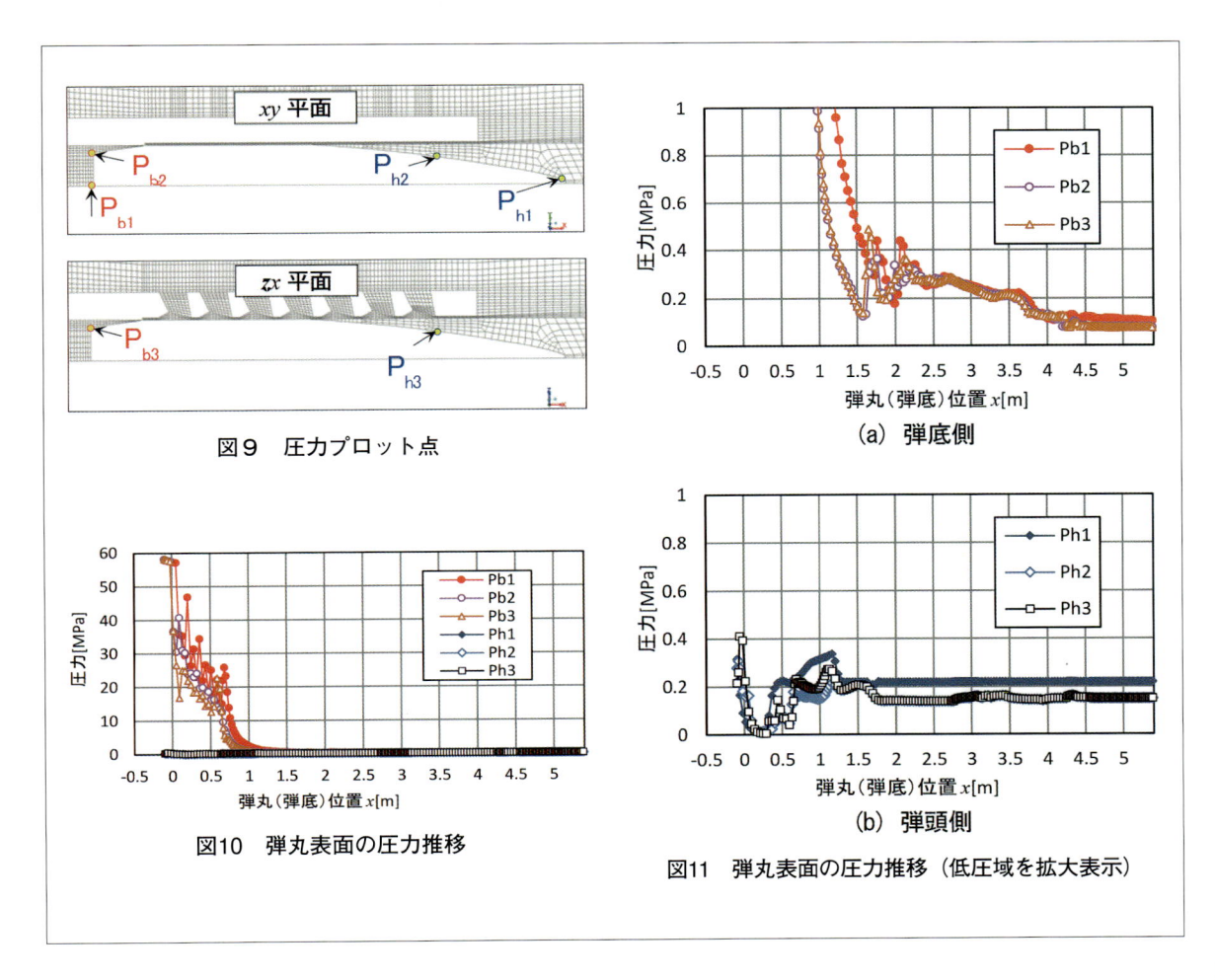

図9　圧力プロット点

図10　弾丸表面の圧力推移

(a) 弾底側

(b) 弾頭側

図11　弾丸表面の圧力推移（低圧域を拡大表示）

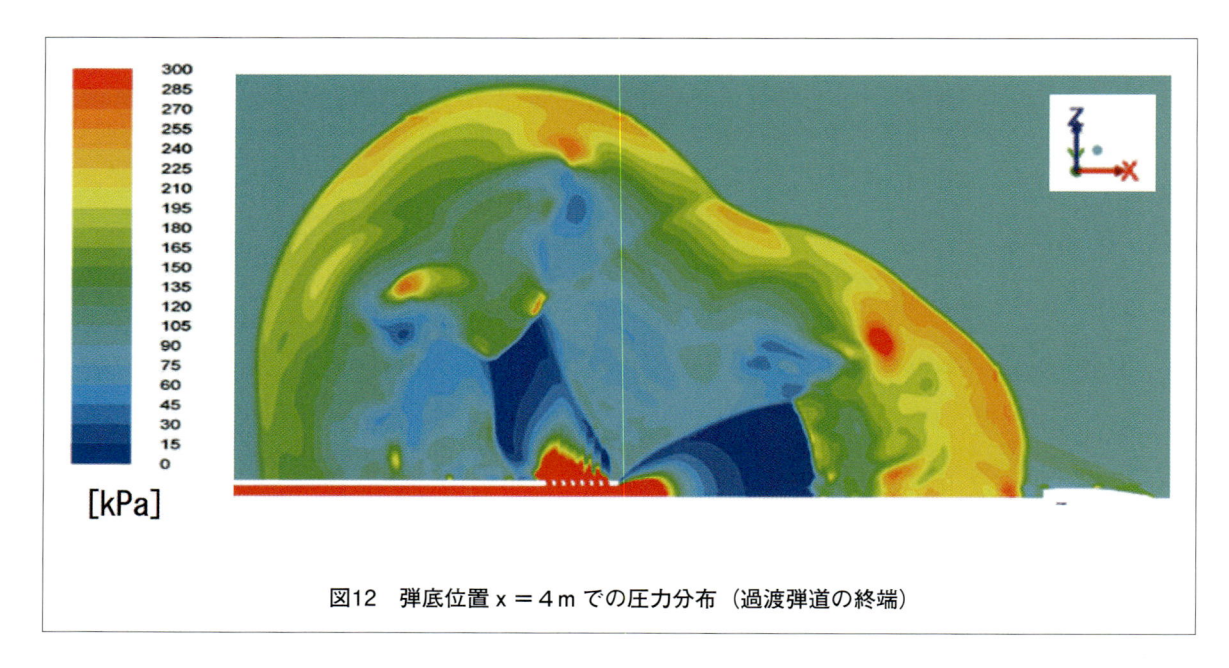

図12 弾底位置 x = 4 m での圧力分布（過渡弾道の終端）

であり差圧0.1MPaとなることから、弾丸に作用する加速度を求めると約4.4G程度である。この加速荷重が10ms継続的に作用したとしても速度増加はせいぜい0.4m/sであり、実際には10msの間に差圧はさらに減少する。従って、弾丸加速に注目する限りにおいては、過渡弾道の終端は実質、弾底位置 $x$ = 1.5m までと考えて差し支えない。

(3) 弾底圧の推移

3次元CFD解析より求めた弾底圧の推移を図13に示す。ここに示した弾底圧は、弾底部およびボートテール部の圧力分布を表面積で重み付けして求めた平均値である。本研究の目的が、過渡弾道領域での弾丸加速を求めることにあるため、ボートテール部も考慮した圧力とした。弾丸（弾底）位置 $x$ = 0.6m 時点辺りより圧力減少勾配が急になっているが、これは弾丸が砲口制退器を通過することに伴うものである。

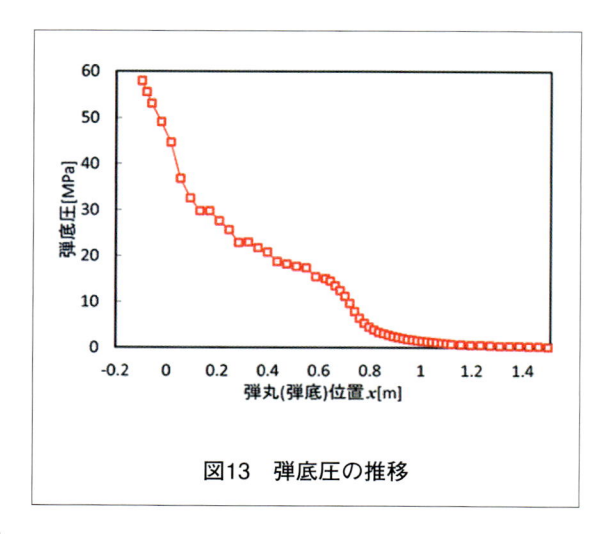

## 4. 過渡弾道領域での弾丸加速

CFD解析では、計算負荷の低減のため、過渡弾道領域での弾丸の挙動（速度）は一定としている。そこで前項で求めた弾底圧の推移データを基に、既報[2]提示した砲および弾丸の3次元運動計算の可能な簡易解法[2]を用いて、過渡弾道領域の弾丸の速度変化を求めることにした。なお前記の簡易解法は補正係数を適切に設定することで、軽い計算負荷でも、精度の良い解を得ることができる[2]。

図13の弾底圧の推移に沿うように、簡易解法における砲口制退器バッフルへのガス流入量補正係数 Cs を調整した結果、図14に示すようにCs = 0.1の場合に簡易解法の弾底圧（プロット

図13 弾底圧の推移

図14　弾丸の速度増加

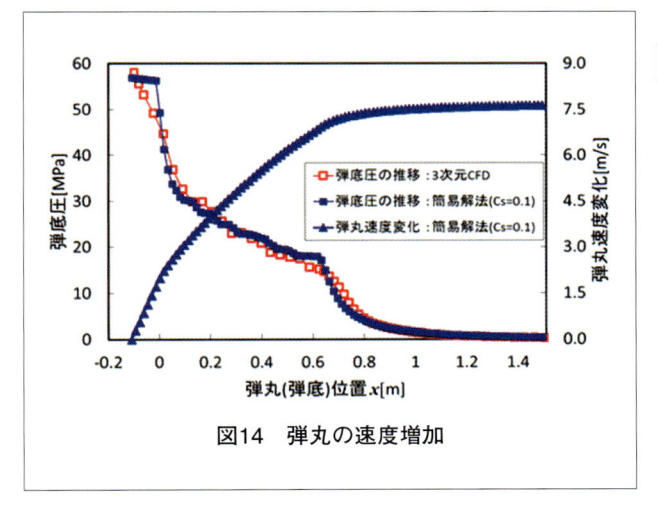

■）が、CFD解析の弾底圧推移とほぼ同じになることが分かった。これを基に簡易解法で過渡弾道領域での弾丸の挙動を計算すると、弾丸の速度変化は図14のプロット▲のようになった。ここで、過渡弾道領域の終端は厳密には弾丸（弾底）位置 $x = 4$ m であったが、弾丸の速度変化は $x = 1.5$ m 時点で頭打ちであり、$x = 4$ m 時点まで計算を行っても速度変化は微小であることは、このデータからも明らかである。結局、弾丸速度データに注目するのであれば、実質的に過渡弾道の終端は弾底位置 $x = 1.5$ m（砲口制退器先端から約0.9m：約6口径）までである。また終端までの速度増加は約7.6m/sとなった。

## 5．まとめ

155mm級火砲モデルと最強発射薬を組合せた条件を想定し、過渡弾道領域における弾丸加速（速度変化）を、3次元CFD解析および簡易解法を駆使して計算することを試み、次のような結論を得た。

① 本研究の3次元CFD解析の解の妥当性の定性的調査のため、一般に過渡弾道領域で発生する現象である先駆衝撃波や爆風衝撃波などが本研究のCFD解析でも再現できることを確認した。定性的ではあるが、本研究で実施したCFD解析が現実に即した解析であることを確認できた。

② 試験による観測で特定が困難な過渡弾道領域の終端を、CFD解析により明らかにすることができ、厳密に、終端は弾丸の弾底位置 $x = 4$ m（砲口制退器先端から約3.4m：約22口径）時点までとなった。ただし、速度増加のみを注目する場合には、過渡弾道領域の終端は実質的には弾丸（弾底）位置 $x = 1.5$ m（砲口制退器先端から約0.9m：約6口径）と考えて差し支えない。

③ 砲口離脱後の弾底圧の推移を、3次元CFD解析により明らかにし、それを簡易解法に反映することで、過渡弾道領域での弾丸の速度増加を求めることができ、約7.6m/s速度が増加することが明らかになった。

参考文献
1）弾道学研究会編："火器弾薬技術ハンドブック（2012年改訂版）"、防衛技術協会 pp.56-77.
2）松山孝男："砲口制退器内の弾丸挙動に関する研究"、弾道学研究 第16号 pp.4-9、(2007).
3）森川亮、松山孝男："汎用CFDコードによる過渡弾道解析"、弾道学研究 第11号別冊 pp.33-38、(2002).

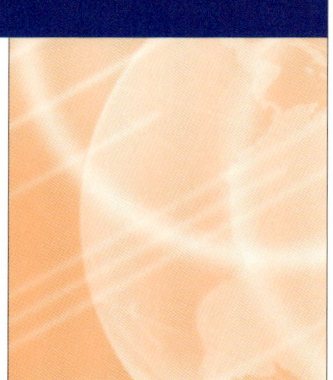

連載 電磁パルスの脅威 その技術と効果⑧

# 核爆発による電磁パルス
## ～HEMPによる電子機器に及ぼす影響(5)

本誌編集委員
**山根　洋**

## 12. HEMPの影響のまとめと考察

### (1) HEMPの影響のまとめ[78]

　HEMPの影響について、本誌5月号から5回にわたって連載してきたが、米国国土安全保障省（U. S. A The Department of Homeland Security）の電磁パルス（EMP）セミナー、災害地域の復興評価プロジェクト〔Regional Resiliency Assessment Project（RRAP）〕で発表された資料[78]の中にE1、E2、E3-HEMPおよび雷EMPの影響を分かりやすく、説明している図があったので紹介する（図110を参照）。

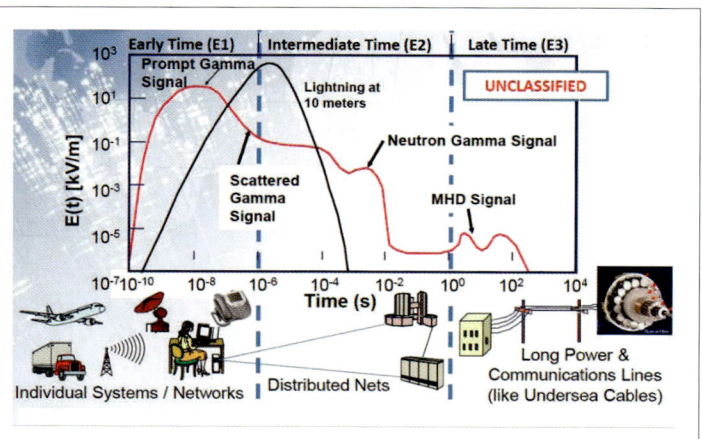

図110　HEMPの発生段階区分に応ずる電気機器等への影響[78],[79]

　図110は、本誌12月号の図5（HEMPの発生段階区分）に雷EMPの時間プロファイル（黒字）を追加したものである。ここで記載されている雷EMPは、雷撃の近傍10mでの電界強度であり、E1-HEMPのピーク電界強度を上回る一例である。各発生段階区分の下に示されるアイテムは、発生区分段階で、特に影響を受ける可能性が高い電子機器等を示している。E1-HEMPは、一般的な電子機器、コンピュータ、通信アンテナ（放送局を含む）、衛星通信、自動車、飛行機等の電子機器、回線長が短いコンピュータネットワークはE1-HEMPの影響を受け、回線長が比較的長い100m以上のコンピュータネットワークは波長的にE2-HEMPが結合しやすく影響がある。E3-HEMPは、10km以上の長距離電力回線や通信ケーブルはE3-HEMPによる誘導電流（DC成分）の影響を受けやすい。また地下ケーブルにも影響を及ぼす可能性がある。

### (2) E1、E3-HEMPと「核爆弾の威力、核爆発の高度」についての関連性

　本誌7月号からHEMPの電子機器への影響についてE1-HEMP、E3-HEMP毎に解説を行ってきた。E3-

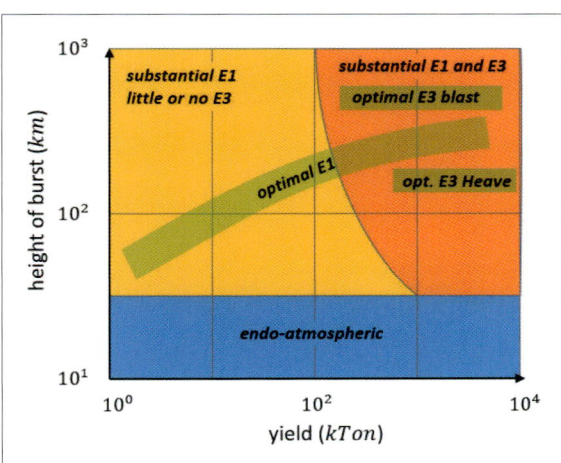

図111 核爆弾の収量（yield: kTon）と爆発高度（km）に応ずるE1（E1-HEMP）、E3-Blast（E3-HEMP Blast Wave）およびE3-Heave（E3-HEMP Heave）の発生状況（縦軸・横軸とも対数表示であることに注意）[79]

HEMPの高圧送電システムへの影響については「E1-HEMPとの相乗効果」について合わせて説明した。ここでは、E1-HEMPとE3-HEMPの相乗効果が期待できる「核爆弾の収量、爆発高度との関係」について簡単に解説する。

図111はロスアラモス研究所のRivera, Michael Kellyらが発表した「A Review of EMP Hazard Environments and Impacts」[79]の中にある「核爆弾の収量（yield: kTon）と爆発高度（km）に応ずるE1（E1-HEMP）、E3-Blast（E3A-HEMP Blast Wave）およびE3-Heave（E3B-HEMP Heave）の発生状況」を示したものである。図111は、厳密な数値的な関係を表したものでなく、おおよその傾向を示している。

図111の黄色の範囲は、実質的にE1-HEMPが主体的に発生し、E3-HEMPの発生は少ないか発生しない領域を示す。オレンジ色の範囲は、E1-HEMPとE3-HEMPが同時に発生する領域を示している。

### ① E1-HEMPの発生

E1-HEMPが発生する最適なE1〔多分、最大ピーク電界強度（50kV/m）が発生するEMPを指すものと推定〕の爆発高度は核爆弾の収量と、ほぼ比例する関係にあることが分かる。核爆弾の収量が1Mt（1,000kt）以上では、高度300kmでも最大ピーク電界強度を発生できる可能性があることが分かる。本誌1月号で10ktの核爆弾で最大ピーク電界強度を与える爆発高度は、75kmと解説した例があるが、図111の最適E1の範囲に入るものである。10ktを下回る規模の核爆弾でも、十分に爆発高度を下げれば（50km程度まで）、最適なE1を発生できる可能性があることが分かる。

### ② E3-HEMPの発生

最適なE3A（E3 Blast Wave）を発生させるためには、数Mt（Multi-Mt）以上の収量の核爆弾を500km以上の高度で爆発させないと得られないことが分かる。

米国での事例（シミュレーション）で、25ktの核爆弾を300kmの高度で爆発させてE3A（Blast Wave）を発生させた例（図94）と、1,000ktの核爆弾を400kmの高度で核爆発させてE3A（Blast Wave）を発生させた例（図95）の比較で分かるように、ともに図110の黄色の領域にはあるが、高度400kmで1,000ktの核爆発を行った方がより、オレンジ色の領域に近接しているため、E3-HEMPも増加する傾向が予想される。シミュレーション結果でもnT/minの値が9倍位大きいE3-HEMPを発生させていることが分かる。

同様に最適なE3B（E3 Heave）を発生するためには、数10Mt級以上の収量の核爆弾を高度約150km（ほぼ一定）で爆発させる必要があることが分かる。

ロシアでの事例（実例）では、300ktの核爆弾を高度150kmで爆発させ、E3B（E3 Heave）を発生にさせた例があるが、オレンジ色の領域にある最適なE3 Heaveを発生する範囲にほぼ一致している。

### ③ E1、E3-HEMPともに効率的に発生

以上のことから、100ktの収量を上回る核爆弾で、高度100km以上で爆発させれば、図111のオレンジ色に示される領域に入るので、E1、

E3-HEMPともに効率的に発生することが可能である。逆にいえば、一般的に100kt以上の収量をもつ核爆弾でないと、E1とE3-HEMPが同時に発生することは難しいことになる。

E1、E3-HEMPがともに最適になる範囲はあるかについては、図111から、E1-HEMPの最大ピーク電界強度50kV/mを発生する最適なE1の範囲と最適なE3A（E3 Blast Wave）を発生する範囲、最適なE3B（E3 Heave）を発生する範囲は、相互に交差しないので、相互に最適になる範囲はないと推測される。

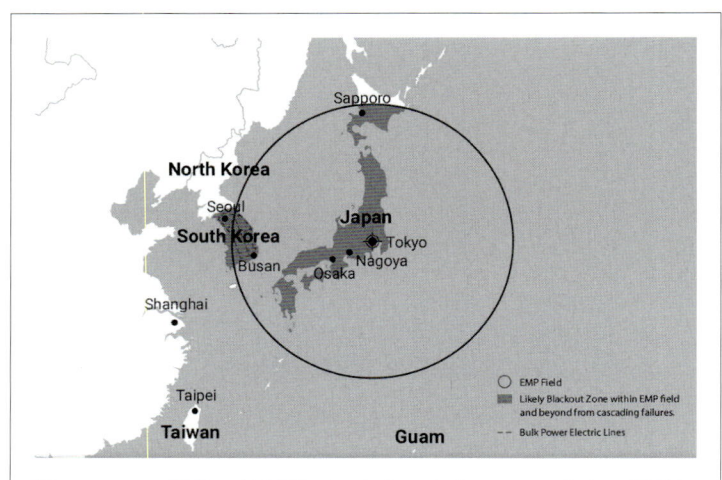

図112　10kt規模の核爆弾が、東京の上空96kmの高度で爆発した場合のHEMPの到達範囲[80]

### （3）わが国へのHEMPの影響（筆者意見）[79]

わが国のマスコミの報道やインターネット情報では、HEMPの高度に応じる到達範囲を示す同心円しか提示せずに、ただ危機感をあおるだけの解説が多い。米国ではHEMPに関する解説には、核爆弾の収量や爆発高度の前提を明確にしている公開資料が多い。またSmile Diagramで影響する範囲を表示して、それを前提としてHEMPの影響や脅威について具体的な解説を行っている。ここでは、北朝鮮から日本が弾道ミサイルによる電磁パルス攻撃を受けた場合の影響について解説する

わが国のマスコミ等の解説によく使用されている米国国土安全保障省（U. S. A The Department of Homeland Security）のEMPタスクフォースの事務局長Dr. Peter Vincent Pryの論文（書籍）「THE LONG SUNDAY Election Day 2016-Inauguration Day 2017 NUCLEAR EMP ATTACK SCENARIOS」[80]の中に、わが国へのEMP攻撃の状況に関して、10kt規模の核爆弾が東京の上空96kmの高度で爆発した場合の図112に示されるEMPの到達範囲（半径1,080km）が載っている。ここで、10kt収量の核弾頭にした理由としては、北朝鮮が保有している準中距離弾道ミサイルに搭載できるサイズ（10kt〜25kt）の核弾頭として10kt規模としていると推測される。ここでの運用シナリオで、わが国への電磁パルス攻撃が行われた場合、以下のようになる。

#### ① E1-HEMPの影響[79]

図111の黄色の領域から分かるように、収量10ktの核爆弾が高度96kmで爆発した場合、E1の最適な効果を得る条件（核爆弾の収量と爆発高度）を満たしており、首都圏一帯は、E1-HEMPの最大ピーク電界強度が発生するので、本稿で解説したような電子機器や自動車等に対して大きな影響を及ぼすと推測される。

#### ② E3-HEMPの影響[79]

図111に分かるように、収量10ktの核爆弾が高度96kmで爆発した場合、この条件では、黄色の領域であるため、E3-HEMPの発生が少ない。

「The Long Sunday」の解説の中に、図111に関連して、HEMPの到達範囲の外周近傍にある韓国への影響や高圧送電網（Bulk Power Electric Linesとの記載）への影響があるとの記載があるが、EMPの到達する外周付近では本誌1月号のDiagramで解説したように、ピーク電界強度は、首都圏一帯と異なり、急速に低下するので、今回の条件では、韓国まで影

響が及ぶとは考えにくい。

③ E1、E3-HEMP ともに効率的に発生できるか？[79)～84)]

10kt 規模の核爆弾が、東京の上空96km の高度で爆発した条件では、E1-HEMP は効率的に発生できるが、E3-HEMP は少ないか、発生しない可能性が大であり、E1、E3-HEMP ともに効率的に発生するためには、前提条件を変える必要がある。

■準中距離弾道ミサイル（ノドン）に搭載できる最大の核弾頭の場合（爆発高度：96km）

中距離弾道ミサイル（ノドン）に搭載できる最大の核弾頭は25kt[81)]であるので、同一高度（96km）で爆発させた場合でも、図111では、黄色の領域であるので、E3-HEMP の発生は少ないと見積もられる。

■準中距離弾道ミサイル（ノドン）に搭載できる最大の核弾頭の場合（爆発高度：300km）

25kt の核爆弾を高度300kmで爆発させて、E3A（E3 Blast Wave）を発生させた例は、図94に示される米国のシミュレーション結果もあるが、高度300kmでは、HEMP の影響範囲は、東京を中心に半径1,905km まで広がり、中国やロシアまでの影響範囲は広がるので、運用上そのような攻撃を実際に行うことは困難であると推測する。

■中距離弾道ミサイル（ムスダン）に搭載できる最大の核弾頭の場合（爆発高度：96km）

中距離弾道ミサイル（ムスダン）に搭載できる最大の核弾頭は、50kt[82)]といわれている。50kt 規模の核爆弾が、東京の上空96km の高度で爆発した条件では、E1-HEMP は最適なピーク電界強度を発生することができるが、図111では、やはり黄色の領域であり、E3-HEMP の発生は少ないか、発生しない可能性が高い。

■大陸間弾道弾（火星14、15型）に搭載できる最大の核弾頭の場合（爆発高度：96km）

2017年7月4日、7月28日に発射実験された火星14型（Hwasong-14 射程8,000km 以上[83)]）、11月29日に発射実験された火星15号（Hwasong-15 射程13,000km 以上[84)]）はともにICBM であり、2018年に実戦配備される可能性がある。

2017年9月3日の核実験後の北朝鮮の報道ではICBM 級の水爆であり、米国のジョンズ・ホプキンス大学の北朝鮮分析サイト「38ノース」は2017年9月12日の報道で「3日の核実験に関して、約250kt の爆発規模（推定）」との発表をした（防衛省は160kt 規模との発表）。現時点では、火星14号、火星15号ともにペイロードは不明[83),84)]であるが、2018年以降に核弾頭の小型化が進めば、本誌12月号に写真掲載された金委員

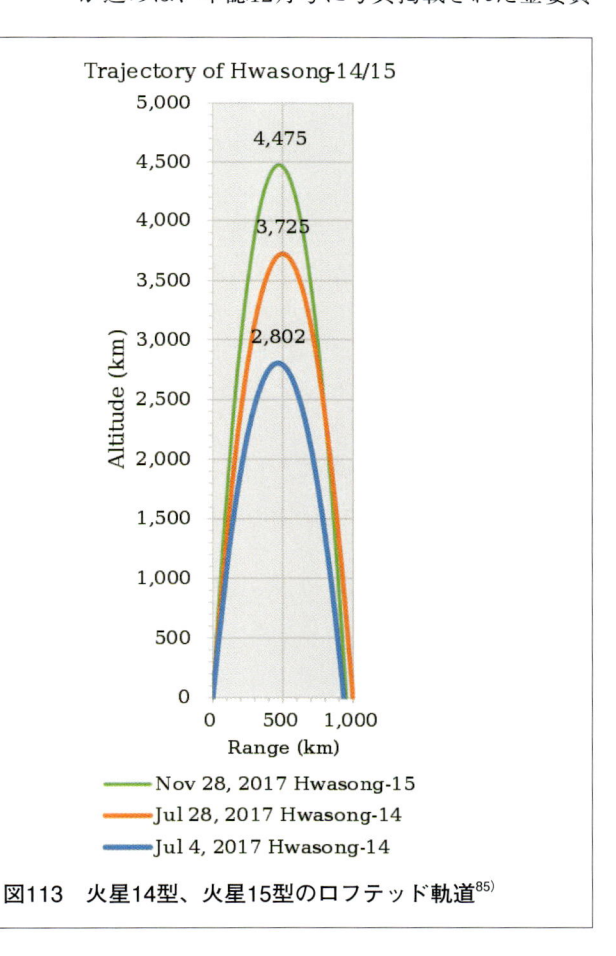

図113　火星14型、火星15型のロフテッド軌道[85)]

長が視察したような核弾頭（160〜250ktクラス）が搭載される可能性があると推測される。

特に250ktクラスの収量の核弾頭の場合、高度96kmでも図111のオレンジ色の範囲に入る可能性もあり、E1、E3-HEMPがともに発生できる条件が満たされる可能性があると推測される。ただし、この場合は北朝鮮から発射されるICBM火星14、15型は、長射程のため、日本への電磁パルス攻撃を行う場合、弾道ミサイルの試射実験に使用されている図113に示されるようなロフテッド軌道[83]により、250ktの核を東京上空96kmで爆発させるようなシナリオが成り立つ。このケースの場合は、前述したようにE1、E3-HEMPがともに発生するので、日本にとっては甚大な被害を受ける可能性がある。

## 13. おわりに

昨年9月の北朝鮮の電磁パルス攻撃の発表を受けて、わが国でも電磁パルスの脅威について、マスコミの報道や有識者等の解説が多数行われた。しかし、わが国の報道や解説だけでは、電磁パルスの発生原理、被害範囲、影響等についての情報提供が不十分で、よく理解できない点が多くあり、個人的に米国等の海外情報をインターネットで検索していたところ、本誌の編集会議で、最近話題になっている電磁パルスの脅威についての技術概要を記事にすることが決まり、12月号から連載することになった。

米国のHEMPに関する技術的な解説や論文は、多数、インターネット上で公開されているが、ほとんど核開発、電力、EMC等の専門家による執筆であり、理解するには電磁気学、電気工学、電子工学等の専門知識が前提となる。専門知識がなくても理解できるような入門的な技術解説や文献等は残念ながら検索できなかった。

本稿の「電磁パルスの脅威―その技術と効果」は、一般読者向けの技術概要の紹介であり、米国の関係資料を参考にしつつも、できるだけ平易に理解できるように、努めて数式を使わずに理解できるように作成したため、HEMPの発生を前段（12、1、2月号）、電子機器等への影響を、後段（5、6、7、8、9月号）の通算8回となる長い技術解説となってしまった。

最後まで、忍耐強く読破していただいた皆様が、核爆発による電磁パルスの脅威についての理解に少しでも役立てていただければと思う次第である。

HEMPの環境や防護については、すでにIEC、ITU-T、MIL-STD等の国際規格の中で勧告や規格化されている。わが国の大学の学者や企業の研究者が、それらの委員会に参加しており、わが国の研究開発、製造面の技術レベルは高い。

また各種防護基準の適用も、国家国情に合わせて具体的に検討して実施する必要があり、米国の防護実施例等を紹介しても、余り参考にならないのではと考えて、本稿ではその解説を省略している。ただし、各種電子機器、装備等の電磁パルス防護について設計するには、本稿で紹介したようなHEMPの脅威の評価に使う「Smile Diagramやアンテナ等の数値計算シミュレーション」と実際の電子機器や装備等の防護性能の確認と評価のために使用する「HEMP環境を模擬するシミュレータ」は、HEMPの脅威見積と具体的な防護についての開発・製造のために不可欠で、早急な整備が必要と思われる。

北朝鮮による電磁パルス攻撃などあり得ないとの一部意見も聞かれるが、米国でのHEMPの議論は、北朝鮮の電磁パルスの報道のはるか以前、北朝鮮が核実験とミサイル開発を開始した頃から、国家安全保障上の研究と議論が継続的に行われていること、国際規格のEMCの規定の中にHEMPの環境規定や防護基準等が制定されていることを考えれば、電磁パルス攻撃の可能性はないと主張する根拠はなく、国家として安全保障上、最悪の事態に備える態勢を準備することは重要である。北朝鮮等の対象国が

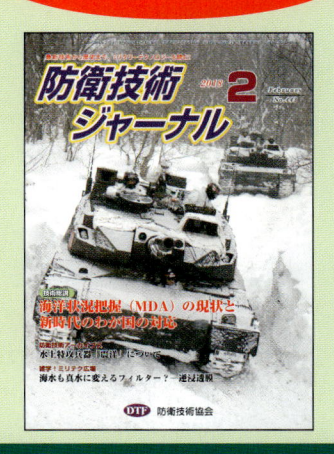

わが国への電磁パルス攻撃能力を保持している可能性があるならば、この脅威に対して国家として対処するための危機管理態勢を整備することが急務である。3.11の時に国家として脅威の蓋然性を低く見積もり、準備せずに巨大な津波災害と甚大な原発事故に見舞われて「想定外」——、もし北朝鮮の電磁パルス攻撃が行われた場合、また再び「想定外」——で済まされるような次元の問題ではないと思う。

(完)

---

**参考文献**

78) Dr. Peter Vincent Pry, "THE LONG SUNDAY Election Day 2016-Inauguration Day 2017 NUCLEAR EMP ATTACK SCENARIOS" EMP Task Force On National And Homeland Security 06/07/2012
79) Kevin Briggs "EMP Risks and Mitigation Presented to the Electromagnetic Pulse (EMP)" Seminar Regional Resiliency Assessment Project (RRAP) 28 May 2015 Homeland Security
80) Rivera, Michael Kelly, et.al, "A Review of EMP Hazard Environments and Impacts" EMP/GMD Phase 0 Report Los Alamos La-UR-16-28380, 2016-11-07 (rev.1)
81) Dr. Peter Vincent Pry, "THE LONG SUNDAY Election Day 2016-Inauguration Day 2017 NUCLEAR EMP ATTACK SCENARIOS" U.S.A The Department of Homeland Security, 2017/07/06
82) https://ja.wikipedia.org/wiki/%E3%83%8E%E3%83%89%E3%83%B3　ウィキペディア　ノドン
83) https://ja.wikipedia.org/wiki/%E3%83%A0%E3%82%B9%E3%83%80%E3%83%B3（%E3%83%9F%E3%82%B5%E3%82%A4%E3%83%AB）　ウィキペディア　ムスダン
84) https://ja.wikipedia.org/wiki/%E7%81%AB%E6%98%9F14　ウィキペディア　火星14型
85) https://ja.wikipedia.org/wiki/%E7%81%AB%E6%98%9F15　ウィキペディア　火星15型

# 連載 いま、GEOINTは！

## Geospatial Intelligenceとは何？

株式会社サテライト・ビジネス・ネットワーク 代表取締役社長
**葛岡　成樹**

## 1．インテリジェンス概論

　今号から「GEOINT（ジオイント）」について隔月で連載することになった。

　GEOINTとは、と説明する前にまずインテリジェンスについて簡単に触れておこう。Intelligenceという英語を無理に日本語に訳すと諜報ということになるのかもしれないが、今回の連載では「インテリジェンス」と片仮名のまま「意思決定のための情報」という意味で使う。残念ながら日本語ではInformation（情報）とIntelligence（インテリジェンス）の区別がついていないことが多く、Intelligenceを情報と訳している例も多く、注意が必要である。

　さまざまなセンサや人のうわさを含めたデータが世の中に氾濫しているが、そのデータを使える形に整理したものが情報である。しかし、世の中には使われない情報、死蔵されている情報があまりにも多い。実際に有効な情報とは、存在や中身そのものではなく、それがどう使われるかということに存在意義がある。何らかの形で意思決定のために使われる、意思決定を支援する情報をインテリジェンスと呼ぶことにする。例えば気象庁が全国に設置した機器で得られる気温などがデータ、そのデータを整理して作られた天気図が情報である。この天気図をもとに、今からの外出に傘を持って行った方が良いのか、持たなくても良いのかを教えてくれる、お天気お姉さんの解説がインテリジェンスである。

　インテリジェンスについては、小林、小谷などが分かりやすく定義しているが[1],[2]、その議論の大本となるのはローエンタールの著作である[3]。ローエンタールはインテリジェンスの実用的な概念として「インテリジェンスとは①国家安全保障にとって重要な特定類型の情報が要求され、収集され、分析され、政策決定者に提供されるプロセスであり②そのようなプロセスの生産物であり③カウンターインテリジェンス活動によってその情報またはプロセスを保護することであり、また④合法的な権限に基づき要請されたオペレーションを実施することである」と説明している[3]。筆者の定義はこの①のプロセスと②の生成物に限定している。この連載では③のカウンターインテリジェンスおよび④の工作については触れない。

　なおインテリジェンスは軍事だけでなく、民

図1　データ・情報・インテリジェンス

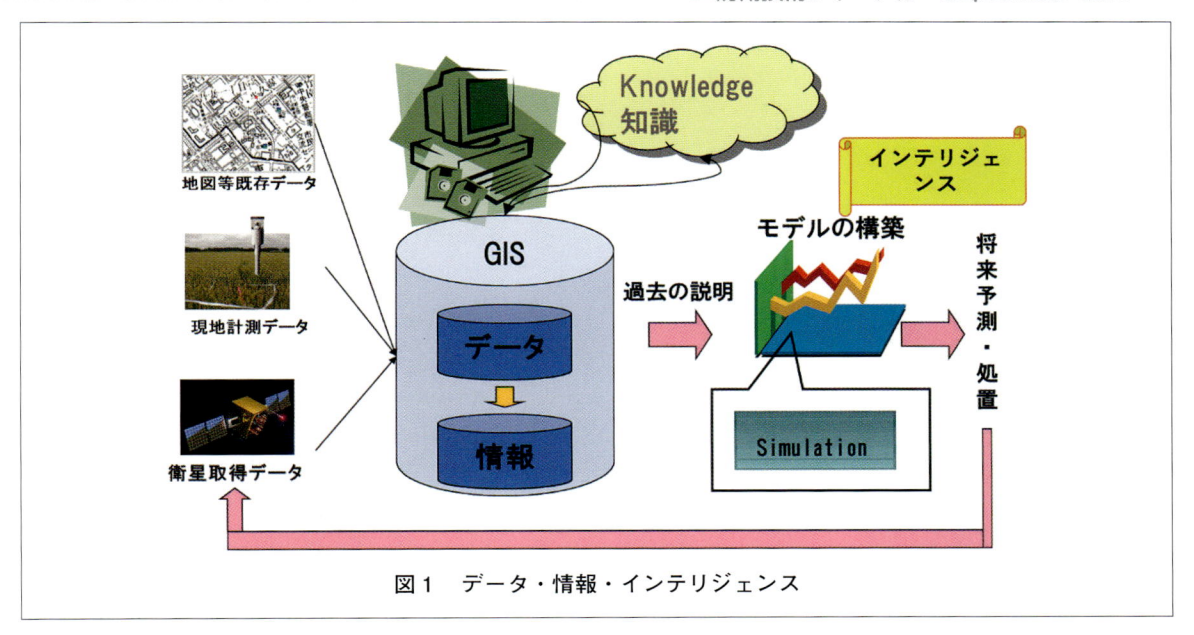

間ビジネスにおいても意思決定のためビジネスインテリジェンスとして扱われている[4]。

さて、このインテリジェンスはどのようなプロセスで生成されるのだろうか。先に種明かしをすると、今回の連載では人工衛星を用いたインテリジェンスの話が中心となる。

図1に筆者のインテリジェンスに対する考え方を示しておく。地図などの既存データ、IOT（Internet of Things）で得られるデータなどの現地計測データ、さらに地球観測衛星から取得した画像、これらはいずれもデータであり、地理空間情報システムGIS上で管理される。ここにいろいろな知識を用いると情報になり、過去から現在までの説明までは可能であろう。しかし意思決定者が本当に欲しいのは、将来どうなるかということである。よく行われるのは過去の状況を上手く表現できる「モデル」を構築し、そのモデルを外挿して将来の状況を予測することである。この解析の結果、得られたインテリジェンスに基づいて意思決定者は意思決定することとなる。

例えば、森の向こうに戦車隊が展開しているが、今後、森を抜けてこちらに進行してくるのかどうか。そのインテリジェンスに基づいて、こちら側でも防御線を設定する要・不要が決まる。例えば、いまの小麦の生育状況は衛星画像などで分かるが、いまから1ヵ月後の刈り入れ時にどれだけの小麦が収穫できるだろうか。そのインテリジェンスに基づいて、水や肥料を追加する必要があるのだろうか、ないのだろうか。意思決定者のデシジョン（意思決定）によって起こされた行為（アクション）が状況を変え、その結果に対してまた観測が行われデータが取得される。この繰り返しのキーとなるのが、意思決定を支えるインテリジェンスといえる。

## 2．米国のインテリジェンスコミュニティー

インテリジェンスがどのようなものかを理解できたところで、やはりその中心となる米国の防衛・安全保障向けのインテリジェンスについて説明する[7]。米国で防衛・安全保障向けのインテリジェンスを扱っている機関は16機関ある（図2）。この16機関に国家情報長官オフィス（the Office of the Director of National Intelligence：ODNI）を合わせてインテリジェンスコミュニティー（IC）と称している。なお組織名称は慣習に従うが、日本語で情報とイ

ンテリジェンスの区別がついていないことがこのODNIの日本語名称からでも分かるだろう。

まず大統領直下には、すでに挙げたODNIと、良く名前が知られている中央情報局CIAがある。

・国家情報長官オフィス（the Office of the Director of National Intelligence：ODNI）
・中央情報局（Central Intelligence Agency：CIA）

防衛総省の下には以下の八つの組織がある。

・国防情報局：the Defense Intelligence Agency（DIA）
・国家安全保障局：the National Security Agency（NSA）
・国家地球空間情報局：the National Geospatial- Intelligence Agency（NGA）
・国家偵察局：the National Reconnaissance Office
・陸軍インテリジェンス部門
・海軍インテリジェンス部門
・空軍インテリジェンス部門
・海兵隊インテリジェンス部門

また国防総省以外の省庁管轄のインテリジェンスコミュニティー組織としては、以下の七つがある。

エネルギー省傘下
・情報・防諜部（the Office of Intelligence and Counter-Intelligence：OICI）

国土安全保障省傘下
・情報分析部（the Office of Intelligence and Analysis：I&A）
・沿岸警備隊情報部（the Coast Guard Intelligence：CGI）

司法省傘下
・連邦捜査局（the Federal Bureau of Investigation：FBI）
・麻薬取締局の中の国家安全保障情報部門（the Drug Enforcement Agency's（DEA）Office of National Security Intelligence：ONSI）

国務省傘下
・情報調査局（the Intelligence and Research：INR）

財務省傘下
・情報分析部（the Office of Intelligence and Analysis：OIA）に属するテロリズム・金融情報局（Terrorism and Financial Intelligence：TFI）

このように米国のインテリジェンスコミュニティーは多くの省の傘下にまたがっており、2001年の同時多発テロを契機として2004年に情報改革とテロ予防法（The Intelligence Reform and Terrorism Prevention Act of 2004）により国家安全保障法が改正され、国家情報長官（the Director of National Intelligence：DNI）が設置された。DNIは大統領直下の閣僚級高官であり、IC各機関からの提案を踏まえて国家インテリジェンス計画を作成・決定する。DNIは各機関に予算指針を与えるとともに、1億5,000万ドルまで、または一つの機関に対

図2　米国のインテリジェンスコミュニティー

する国家インテリジェンス計画予算の5％未満の範囲で、予算の振替またはプログラムの組み換えができる。

## 3．各種のインテリジェンス

インテリジェンスには、もともとどのような手段で取得されたかに応じていくつかの種類があり、○○INTと称している（図3）。

まずIMINTは画像から生成したインテリジェンスである。これは本連載の後半で詳しく述べる地球観測衛星および無人航空機で取得した画像、さらには街角の監視カメラで撮影した画像や、最近では動画をも元データ・情報として用いる。歴史的にIMINTは画像を人間が判読するというところからスタートした。

OSINTはオープンソースインテリジェンスであり、公開情報から得られるインテリジェンスである。米国インテリジェンスコミュニティーの旧ソ連（ロシア）に関するOSINTへの依存度は東西冷戦時代には20％程度であったが、冷戦後は80％程度までに高まっているといわれている（逆に冷戦時代でも20％は公開情報から分析可能であったともいえる）[小林]。

また最近のインターネットの発達によりOSINTでは公開SNS（ソーシャル・ネットワーキング・サービス）で発信される情報を有効に使っている。例えば地震やテロなどが発生した場合、SNS上の地震被害状況やテロの背景をつかむなどである。米国ではDNIオフィスの中にOpen Source Center（OSC）が設置されてOSINTの生成にあたっている。

SIGINTとは盗聴を含む有線・無線の傍受や電波情報を収集することから生成されるインテリジェンスである。SIGINTは、発信される無線信号の周波数・変調方式・符号方式などを知って、その特徴から発信源の情報を推定するRFINTと信号を解析して信号の中身・意味に立ち入るCOMINTに分かれる。最近のCOMINTでは、盗聴器だけでなく電子メールやインターネットなど計算機間で交換される信号の中身を傍受・解読することも行われている。実際、NSAで勤務していたスノーデンが、NSAでは同盟国も含んでCOMINT対象としていたことを暴露したことは記憶に新しい。

HUMINTは人間が収集したデータ・情報に基づくインテリジェンスであり、小説ではスパイ活動として描かれている。しかし最近では政府職員だけではなく、商社マン、スポーツ選手などが他国で活動した際に収集した情報を基にHUMINTを生成することも行われている。

MASINTはMeasurement and Signature Intelligenceの略であり、ターゲットの性質を解析するためのセンサ情報から生成するインテリジェンスであり、どのようなセンサを用いるかがポイントとなる。例えば地球観測衛星でも、光学カメラやレーダの画像をそのまま判読するとIMINTであるが、光学センサ画像のスペクトル情報、レーダ画像における偏波情報をもとに生成したインテリジェンスは

図3　各種インテリジェンス

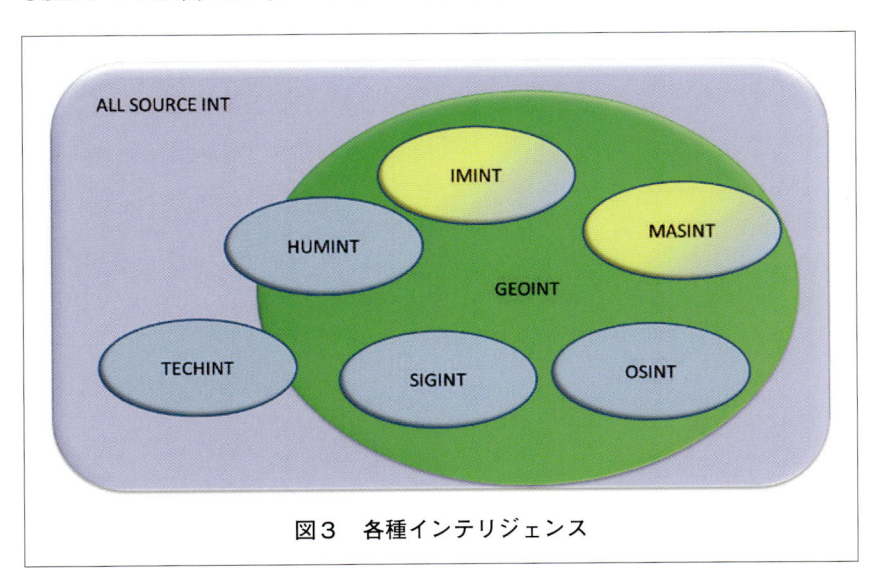

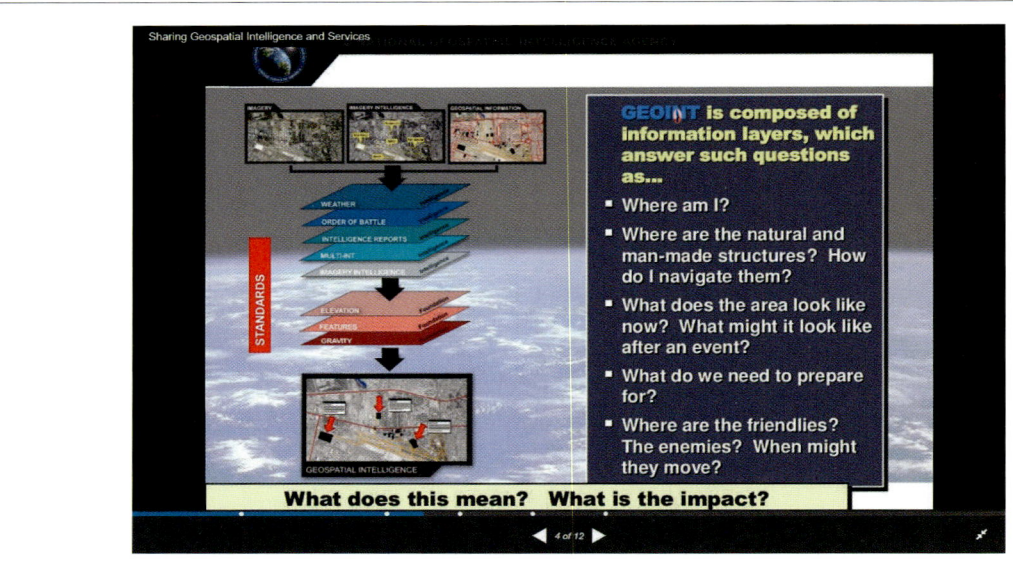

図4　GEOINTの構成要素例 David L. Bottom

MASINTとなる。

　最後にTECHINTは敵から入手・捕獲した武器・通信機などを技術的に調査し、使用されている技術、技術レベルを知るインテリジェンスである。

　以上、データ・情報を収集する手段に応じていくつかのINTを説明したが、もちろん実際にはこれらをすべての手段によるインテリジェンスを統合して解析・判断して生成するオールソースインテリジェンス（All Source INT）もある。

　さて、ここでやっと本連載のテーマであるGEOINTの説明をすることができるようになった。GEOINTとは、Geospatial Intelligenceの略称であり、各種インテリジェンスに地理空間情報を融合させることにより、人間の活動や物体の動きなどをより詳細かつ総合的に把握、分析、さらには予測することを可能とするインテリジェンスである。

　この定義で分かるように、GEOINTはほかのINTと比べて、その生成手段については問わない。IMINTとして衛星画像で発見した新しい伐採地も緯度経度という位置情報が付いていればGEOINTとなるし、人間がHUMINTとして探った新ミサイルサイト建設予定地の情報も、その場所の位置情報が分かればGEOINTとなる。さらにOSINTであっても、最近、外国人が立ち入りを禁止された場所の位置・範囲が付けばGEOINTとなる。そして、これらそれぞれの情報に同一の緯度経度が付いて同一箇所を示しているとすれば、新しいミサイルサイトが建設されるというインテリジェンスが効果的に得られるだろう。

　図4では、GEOINTが位置情報を共有した複数のレイヤーからできていることを示している。気象情報・戦闘指令・インテリジェンスレポートなどと標高・特徴などの地図データとを組み合わせて、何が言えるのかを求める。これはGEOINTが利用するすべてのデータ・情報・インテリジェンスに地理情報が付いているからこそ可能となる[8]。

## 4．National Geospatial-Intelligence Agency：NGA

　さてGEOINTとは何であるかを理解できたところで、米国でのGEOINT生成の中心組織

48

であるNGAについて説明する。先に述べたように、NGAは国防総省の下に位置づけられる組織である。

軍において精密な地図の作成が必須であることから、地図は古くから軍組織のなかで作成されてきたのは米国も同様である。第一次・二次世界大戦と同時に進化した航空写真測量に基づく地図作りに対応するため、1942年に米国はArmy Map Service（AMS）を設立した。一方、第二次世界大戦後に始まった偵察衛星の画像を判読する業務を担当するため、1961年にCIAにNational Photographic Interpretation Center（NPIC）が設立された。NPICは偵察衛星や高高度観測機U-2が撮影した画像を駆使し、ソ連がキューバに設置したミサイルサイトの状況を判読・把握して大統領の意思決定を支援した。

その後、地図作成と画像判読は別々の部門で担当されてきた。地図作りはベトナム戦争におけるホーチミンルートの地図化、画像判読では1991年の湾岸戦争における誘導武器ターゲッティングと攻撃効果評価などでの実績がある。

1996年、ビル・クリントン大統領政権は地図作成と画像判読に係る複数の組織を一体化してNational Imagery and Mapping Agency（NIMA）という新しい組織を立ち上げた。NIMAは米国におけるIMINTの中心組織として誕生したといえる。しかしインテリジェンスコミュニティーが2001年の同時多発テロを防ぐことができなかったという反省、また技術的にはアフガニスタンの非対称戦において地理空間技術を用いた無人攻撃機UAVの作戦プランを立てる必要性などから、単にIMINTだけではなくてGEOINTの必要性が求められた。その結果、2003年ジョージ・W・ブッシュ政権においてNIMAはNational Geospatial-Intelligence Agency（NGA）と改組・改称された。NGAができたことで、米国における防衛・安全保障向けのGEOINTが始まったといえる。

NGAは「われわれは国家安全保障のためにGEOINTを提供する」と一言で言い切っているが、もう少し丁寧に以下のように説明している。まずGEOINTは画像、画像インテリジェンスおよび地理空間情報を使って地上の特徴、活動、位置を表現・描写する。NGAはインテリジェンス機関であり、かつ戦闘支援機関であるという独自性を活かし、NGAが世界のリーダーとして適時に、適切に、正確に、また使い物になるGEOINTを提供する。画像、地図、海図、基礎データ（地勢・標高・重力データ）の複数のレイヤーを使って、ある場所・ある所に何が起こっているかを、インテリジェンス専門家がユーザーの分かりやすいように可視化し「何が・どこで・いつ」だけでなく「どのように・なぜ」というところまで明らかにする。われわれの仕事は、政治家、兵士、インテリジェンス専門家、初動対応者（災害緊急対応者）の意思決定を有利にすることである[6]。

NGAの人は講演などの中で「大統領から前線の兵士まで、それぞれの意思決定に必要なGEOINTを提供する」とよく表現するが、まさしくこれがNGAの役割であろう。具体的には、もちろん大統領や前線の兵士向けに地理空間情報を用いたインテリジェンスを提供しているが（さすがに非公開）、それ以外にも公開されているサービス・事例として、災害関連のケースがある。大型ハリケーンが襲来した時、その予測進路などの気象情報とともに各地の被害状況を衛星画像や地図と重ねて見られるようになっている[8),9]。

図5に2016年のウエストバージニア州での洪水損害予測図を示す。これはNGAが国土安全保障省連邦緊急事態管理庁（FEMA）とともに作成したもので、地図の上に被害を受けた町をその程度に応じて赤丸、損害を受けた建物の密度を赤から黄色の色で示している。NGAはこのプロダクトを初動対応者に提供することにより、どの町から救助・復旧に向かえばよいのかの意思決定ができるようにした[10]。また2014年に西アフリカでエボラ出血熱が流行し、ギニ

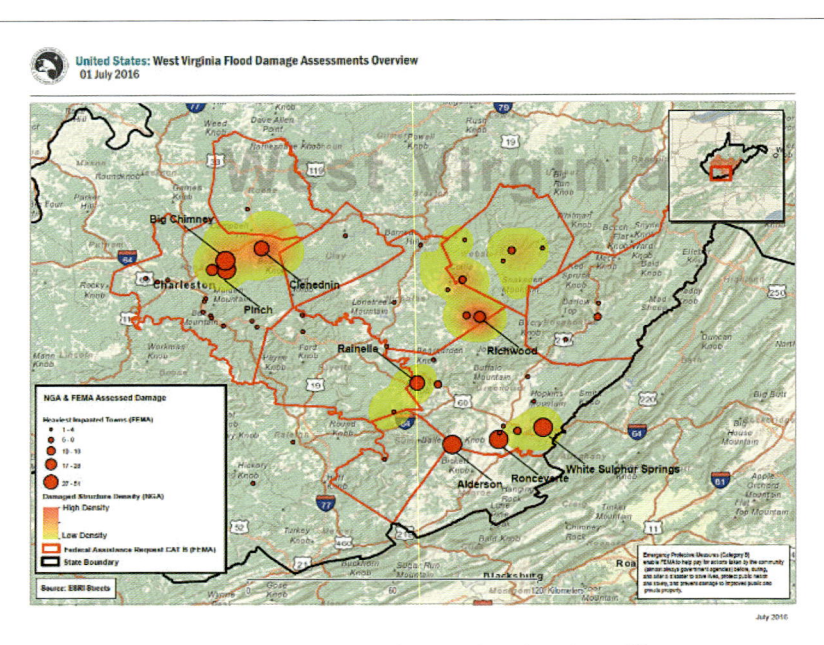

図5　ウエストバージニア地方洪水被害予測[10]

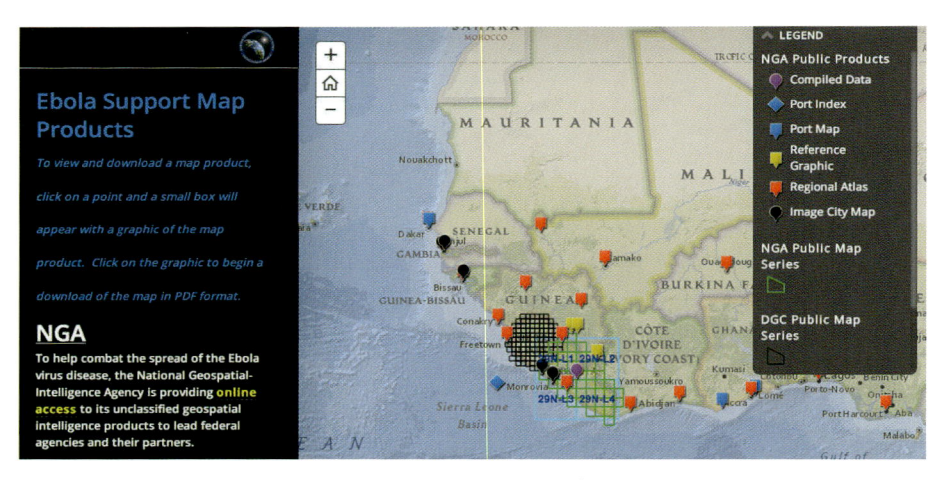

図6　エボラ熱対策[11]

アをはじめとする西アフリカに多大な影響を及ぼした。この時もNGAはエボラ熱対策のため、病院などの関連施設や市街図などのGEOINTを公開した（図6）[11]。

NGAは2015年にNGA戦略（NGA STRAGEGY）[12]を、また2016年にはNGA GEOINT CONOPS2022（2022年までのGEOINT運用概念）[13]を明らかにして、内外にその方向性を示している。米国では2018年1月に国家安全保障戦略（the National Security Strategy 2018）が、また2月に国家防衛戦略（the National Defense Strategy）が公表された。NGA長官はNGAとしてもこれら上位戦略に基づいて2025年までを睨んだ戦略を近々公開すると2018年4月の会議で予告したが、その中に含めるGEOINTのあるべき姿を以下のように説明した。

・すぐ利用できること（instantly available）
・専門家により検証されていること

（expertly validated）
・高度に信頼性のあること（highly trusted）
・容易に利用できること（easily consumable）

## 5．GEOINT を支える民間

　米国の GEOINT の総本山が NGA であることには間違いはないが、民間がその活動をしっかり支えている。実際、NGA Fact Sheet にも、NGA では約14,500人の民間人・軍人・契約者が働いていると書いてあり、まず民間人が最初に記載されている。また、少し古いデータではあるが、2008年の「Spies For Hire - The secret world of intelligence outsourcing」という本[5]には、NGA 人員数は14,000人だが、その半数は民間からの契約出向者であると記している。ここでの民間とは、インテリジェンス企業あるいは衛星や地上での大型システム開発企業である。

　次に、米国地理空間情報財団（US Geointelligence Foundation：USGIF）[14]という団体を紹介する。この団体はもともと NGA との契約をもつ、あるいは狙う民間企業団体として、NGA が設立された翌年の2004年に設立された。現在、USGIF は約240社の企業が参加する業界団体となり、米国企業だけではなく高分解能衛星画像を NGA に納入している欧州の企業も会員となっている。

　USGIF の最も大きな役割は毎年、大規模な GEOINT に係るシンポジウム GEOINT Symposium を開催することであろう。2003年の NGA 設立直後に GEO-Intel 2003というシンポジウムが開催された。これが USGIF 設立の契機にもなり、その後2004年から GEOINT Symposium が開催されるようになった。毎年 GEOINT に出席していると、取り上げられる話題から米国の GEOINT の政策・技術動向が良く分かる。表1に各年のメインテーマと、それ以外に筆者が感じたその年の重要ポイントを示した。

　直近では2018年4月にフロリダ州タンパで GEOINT Symposium 2018が開催された。米国を中心に4,000人程度が参加し、日本からも、

表1　GEOINT Symposium（黄色は筆者の出席した年）

| 年 | 開催場所 | メインテーマ |
|---|---|---|
| 2004 | New Orleans | GEOSPATIAL INTELLIGENCE INTEROPERABILITY |
| 2005 | San Antonio | COLLECTIVE CAPABILITIES OF GEOSPATIAL INTELLIGENCE INTEROPERABILITY |
| 2006 | Orlando | HARNESS THE POWER - actionable intelligence in a changing world |
| 2007 | San Antonio | INTEGRATIOIN FOR COLLABORATION: ENABLING A SEAMLESS ENTERPRISE |
| 2008 | Nashville | MISSION FOCUSED Transitioning to the Future |
| 2009 | San Antonio | BUILD the community ACCELERATE innovation ADVANCE the tradecraft |
| 2010 | New Orleans | GEOSPATIAL INTELLIGENCE 3.0 -A New Era of GEOINT |
| 2011 | San Antonio | FORGING INTEGRATED INTELLIGENCE |
| 2012 | Orlando | CREATING THE INNOVATION ADVANTAGE |
| 2013* | Tampa | OPERATIONALIZING INTELIGENCE FOR GLOBAL MISSIONS |
| 2015 | Washington DC | OPENING the APERTURE– CHARTING NEW PATHS |
| 2016 | Orlando | THE GEOINT Revolution |
| 2017 | San Antonio | Advancing Capabilities to Meet Emerging Threats |
| 2018 | Tampa | Driving Data to Decision and Action |

- ハリケーンカトリーナの教訓
- Interoperability

- 国→Homeland Security
- Interoperabilityデモ
- 対中国・インド

- クラウド中心サービス（eGEOINT）
- Enterprise solution

- 予算大幅縮減開始
- Appsによる実現

- IC ITEの浸透
- Crowd Sourcing、SNS、Human Geograph

- 小型衛星の活用

- Commercial GEOINT Strategy

- 過去のGEOINTの振り返り

- 人工知能技術の重視

50人を超える防衛・安全保障分野の地球観測衛星関連者が参加した。また企業展示も100,000スクエアフィート（約9,200m$^2$）の会場に約200社が出展した。昨年まで華々しく取り上げられていた小型衛星は、今年のメイン会場ではそれ自体が話題となることはなく、むしろワーキンググループ内で標準化などが地道に議論されるなど、小型衛星は当然のこととしてGEOINTに使われるようになったといえよう。一方、数年前から話題となっている人工知能が今年の中心的な話題であった。これらの各技術については、この連載で逐次取り上げる予定である。

USGIFのもう一つの重要な役割はNGAを始めとした政府への働きかけである。USGIFでは組織内にいくつかワーキンググループ（WG）を設置して、新たな技術の検討をしつつ政府へ要求を出している。例えばAirbus D/S、ThalesAlenia、MDAなどが主導したCommercial SAR WGは商用のSAR衛星のGEOINTへの利用を検討する技術的なWGであったが、その検討が一段落した時点では米国に商用SAR運用会社がなかったこともあり、NGAがドイツ・イタリア・カナダの商用SAR衛星データを大量に購入することとなった。

またSmallSat WGでは、Planetやその他衛星メーカーが参加した小型衛星をGEOINT分野でどう利用するか検討してきた。2015年に、NGAが小型衛星を政府が保有するのではなく民間小型衛星のデータを調達する方針を商用GEOINT戦略（Commercial GEOINT Strategy）という文書で明らかにし[15]、その後Planet社のデータ調達が始まっている。このようにUSGIFは民間の意見をまとめながらNGAを始めとした政府政策に大きな影響を与えているのである。

（11月号につづく）

## 参考文献

1) 小林良樹：インテリジェンスの基礎理論、立花書房、2011年3月1日．
2) 小谷賢：インテリジェンス　国家・組織は情報をいかに扱うべきか、筑摩書房、2012年1月10日．
3) マーク・M・ローエンタール：インテリジェンス　機密から政策へ、慶応技術大学出版会、2011年5月30日．
4) 北岡元：ビジネス・インテリジェンス─未来を予想するシナリオ分析の技法、東洋経済新報社、2009年1月1日．
5) Tim Shorrock: Spies For Hire – The secret world of intelligence outsourcing, SIMON & SCHUSTER, 2008.
6) NGA Fact Sheet: 2017年6月 https://www.nga.mil/MediaRoom/Press%20Kit/Documents/Factsheets/NGA%20Fact%20Sheet_June%202017.pdf
7) ODNI MEMBERS OF THE IC
　　https://www.dni.gov/index.php/what-we-do/members-of-the-ic
8) David L. Bottom: Sharing Geospatial Intelligence and Service:
　　https://www.slideshare.net/kvjacksn/ncoic-brief-final-slides-21-jun10dlb/2
9) NGAのハリケーンプロジェクトアーカイブ
　　https://nga.maps.arcgis.com/apps/MinimalGallery/index.html?appid = 59095a7bd1da474f85d32732f379ff72
10) NGA assists response to West Virginia flooding
　　https://www.nga.mil/MediaRoom/PressReleases/Pages/NGA-assists-response-to-West-Virginia-flooding--.aspx
11) NGA releases city maps to aid international Ebola response
　　https://www.geospatialworld.net/news/nga-releases-city-maps-to-aid-international-ebola-response/
12) 2015 NGA STRATEGY
　　https://www.nga.mil/About/NGAStrategy/Pages/default.aspx
13) GEOINT CONOPS 2022
　　https://www.nga.mil/Partners/SmallBusinessInteraction/Documents/57090_GEOINT_CONOPS_2022_Unclassified.pdf
14) USGIF About
　　https://usgif.org/about
15) Commercial GEOINT Strategy
　　http://www.nga.mil/MediaRoom/PressReleases/Documents/2015/NGA_Commercial_GEOINT_Strategy.pdf

ネット上の情報はいずれも2018年6月30日に最終確認

# VOICE

## 研究の先端に触れた「感動」

**武田　仁己**
防衛装備庁　先進技術推進センター
研究管理官（CBRN対処技術担当）

　最近、空間情報シンポジウムという学会を聴講してきました。「空間情報科学と未来を創る知恵」という副題に魅せられたのです。そのシンポジウムの最後に登壇された落合陽一先生の「多様性のための視聴触覚テクノロジー」という講演には驚かされました。予稿プログラムではピクシーダストテクノロジー㈱社長という肩書きだったのですが、自己紹介を聞いてみると、筑波大学の准教授・学長補佐であり、内閣府総合科学技術会議のCREST「計算機によって多様性を実現する社会に向けた超AI基盤に基づく空間視聴触覚技術の社会実装」の研究代表者等々の多様な肩書きを持つ、まだ30歳の若さの新進気鋭のマルチタレントな研究者の方だったのです。

　主たる専門は、ホログラフィー技術ですが、画像以外の視聴触覚を伝える光、音波を自在に巧みに操作し、新たな表現技術を論文発表するだけでなく、人の感性に訴えた芸術作品を個展での発表、少子高齢化を見据え、人とロボット・機械・情報機器の協働を最終目標とした社会実装を国家プロジェクトやご自身で起業した会社で実現を図るという遠大な研究構想を、マシンガンのように次々と提示する、気迫のこもったプレゼンテーションでした。

　例えば、振動素子とセンサを内蔵したヘアピンを装着することで、音楽を触覚のように感じるデバイスの紹介がありました。特に聴覚に障害がある方にとって、音楽を音ではなく振動で感じることで新たな感動が生まれたそうです。また、超音波を利用してモノの形を触感として伝える技術など、視覚的にもインパクトのある研究が続きました。これだけの分量の講演をきわめて情熱的に発表される先生ですので、各方面から期待され、マルチな肩書きを得るだけのことはあるのだと納得しました。たかだか1時間にも満たない講演に圧倒されてしまったのです！　NHKでも放映された大講堂で教授と学生が哲学論争を行う「ハーバード大学白熱教室」や各界の専門家が短時間で要領よく夢を語るTED（Technology Entertainment Design）「スーパープレゼンテーション」をライブ感覚で聞いたようでした。

　私も装備品の研究開発の現場に身を置き、それなりの経験年数を経てきましたが、まだまだ周囲の方々に自ら所掌するプロジェクトを円滑に説明できるだけの力量はありません。落合先生との違いは何か？と考えると、研究の魅力をどう表現するのか？と思い当たります。査読付論文や外部評価のように第三者の検証をきちんと得るプロセスも大切ですが、同様に研究の魅力を伝えることも重要だと思います。先端研究であるから誰も理解できなくて良いという論理は奢りであって、研究の先端に触れた「感動」をどのように相手と「共有」できるのかが鍵になるのではない

でしょうか？

　過去の先進技術推進センターのパンフレットをひもとくと、センターの研究方針として、新たな研究開発事業、新たな研究体制及び新たな装備技術の三つの魁を目指すとありました。魁とは、広辞苑によれば先駆けとも表記し、真っ先に敵中に攻め入ることを指すそうです。防衛省・自衛隊だけでなく、社会に役立つ先進技術をいち早く見出し、手をさしのべるアグレッシブな先導者となるという熱い気持ちが伝わりました。落合先生のプレゼンテーションでは、何に役立つか分からないのが基礎研究であって、それを社会実装に持ち込むためには大学の立場では不十分であり、そのため自ら会社を興し、別の投資を必要としたと発言されていました。このような基礎研究を社会実装・実用化に結びつける「橋渡し研究」であれば、私のように創造力や研究力は衰えてしまい、基礎研究者になり得なかった者でもお役に立つことができればと思い、久々に研究活力のエネルギーを頂いた気がしました。

## 「旅順要塞」と「司馬史観」

齋藤　隆之
JMUディフェンスシステムズ株式会社
営業部装備品営業室 課長

　もう四半世紀前の話しになりますが、私は学生時代に近代史を専攻し、特に日露戦史を課題として取り組んでおりました。日露戦といえば映画"二百三高地"や"坂の上の雲"を通じて激戦の"旅順攻略戦"が有名ですが、当時の私は「旅順要塞とは実際にどのような施設だったのか？」と興味をもち、調べ始めました。

　当時はまだインターネットが普及しておらず情報を得るための情報源は書籍しかありません。そこで、国会図書館に通い"旅順要塞"や"近代築城"に関する古今の文献を読んでみることにしました。本来は旅順要塞について知ろうとしていただけが、知れば知るほど奥の奥を知りたくなり、ついには旧軍の「築城学綱要」「永久築城教程説約」「要塞砲兵火工教範」「要塞地帯法講義」など、さまざまな築城教範にまで手を出して読み漁りました。

　中でも最も参考になったのは、浄法寺浅美氏の「日本築城史」（原書房）です。戦時中に工兵士官として築城に携わった著者が全国の旧軍の要塞を体系的にまとめた記録書で、この本により"日本国内にも多数の近代要塞があった"ことを知りました。旅順には簡単に行けないため、代わりにまず国内の要塞を見てみようと思い立ち、横須賀の観音崎や東京湾の第1海堡を皮切りに、就職してからも数年のうちに（当時は九州勤務だったので）、下関、佐世保、豊予、由良、対馬など、あちこちの旧軍の要塞遺構を巡りました。

　現代の"野戦築城"と異なり、要塞施設は"永久築城"に分類され、ベトン（当時は鉄筋無しの無筋コンクリート）、レンガ、石材等を使った文字通り永久的な施設で、こうした要塞の遺構は、横須賀の観音崎や佐世保や

*VOICE*

下関の一部の遺構のように公園として保存されているところもあれば、防衛省の施設として活用されているもの、地方自治体の手でひっそりと保存されているもの、また山中に人知れず残っているものなど（完全に山中に埋没し、考古学者の遺跡探検のような探索で見つけた所もあります）、現在でもさまざまな形態で全国にその姿を残しています。

このなかでも印象深いのは、佐世保要塞の陣地のひとつで、現在は佐世保湾口の南側の丘の上に公園として整備されている「石原岳堡塁」跡でした。佐世保軍港の陸側防護の施設で、その全周を取り巻く外濠の外岸側には地下銃座があり、濠内に落ちてきた敵兵を横と背後から掃射できる構造になっています。旅順で乃木第三軍はこの形式のロシア要塞に苦しめられ、数多くの兵が濠内で命を落としました。

この陣地が築造されたのは日露戦前の明治31年で、この構造はロシア旅順要塞の二龍山や東鶏冠山の堡塁群とは規模は違えど類似の構造です。私は石原岳公園を訪れた際に現地で「これまでの歴史評価では"日本軍は近代要塞を旅順で初めて知った"といわれているが、そうではないのでは？」と気づきました。同規模の要塞施設は当時も全国に多数あり、保全の制約はあったにせよ、工兵や砲兵が近代築城や攻城法を実地で学べたはずです。

これまで、いわゆる乃木・伊地知無能論を基本とする"司馬史観"により第三軍の作戦は"無為無策な突撃"と批判され続けてきま

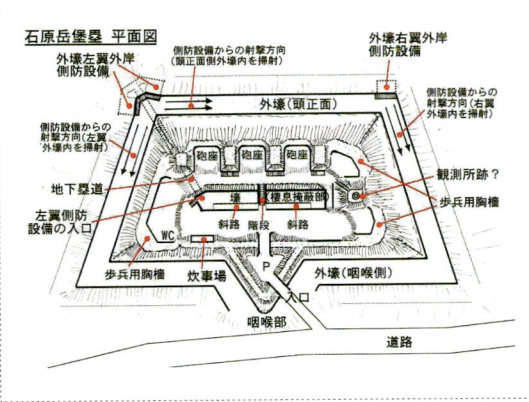

*VOICE*

したが、近年の研究では「実はそうではない」と見直しがされつつあるそうです。作戦転換で二百三高地を落としたのは兒玉大将ではなく乃木大将の判断であったとか、情報不足で判断を誤った第1回総攻撃はともかく、第2回総攻撃以降は近代要塞の攻城セオリーに則って対濠掘進による正攻法に切り替えており決して無暗な突撃を繰り返していたわけではないなど、これまでの司馬史観を見直す評価が一部で発表されています。乃木第三軍が正攻法に切り替えた背景には、石原岳堡塁に代表される国内の近代要塞の知識を当時、第三軍がもっていたからではないかとも考えられ、このことも"単純な乃木無能論"を覆す裏付けになるかもしれません。

いまから約10年前、ついに念願の旅順を訪問する機会がありました。旅順で二百三高地に登った後、東鶏冠山北堡塁の濠内に立った際に思いました。この旅順の地では数多くの先人達が命を落としましたが、これまでその犠牲者の数は"無為無策の作戦で…"という単純な乃木批判を展開するための材料として利用され続けてきた感があり、本来は客観的であるべき歴史評価の観点で、われわれは後世の日本人として大いに反省すべきではないかと。司馬史観の再評価に関して国内の近代要塞に着目した議論はこれまで出ていないと思いますが、皆様も機会があれば、ぜひ佐世保の石原岳公園を訪れ、こうした歴史を振り返って考えてみてはいかがでしょうか。

## "外国人技能研修制度"をわが国の防衛に活用

### 高野　和人
**一般社団法人DSC 専務理事**

一般社団法人DSCは、国民と自衛隊との架け橋になり、若年層に対して理解を深めて戴くことを目的とした団体です。SNSや冊子「自衛隊応援クラブ」にて情報発信。駐屯地・基地研修や防災イベントを実施。「第5回有明防災フェア」を夏に開催します。以下は、すでに防衛省で検討、あるいは取り組まれているかもしれませんが、募集対象者が大幅に減少していく中で、気になる手段2点について記しました。

### ビッグデータで優秀な人材の確保

トランプ大統領は2017年5月11日、米国のサイバーセキュリティ強化に関する大統領令に署名しました。また米国戦略軍下に置かれているサイバー軍を格上げし、10番目の統合軍にすると8月18日、ツイッターで発表しました。

防衛省および自衛隊に、サイバー防衛の技術者育成や環境整備が進む将来、十分な予算と技術者が揃う時に、全国基地駐屯地に入退室システムを設置し、約200ヵ所で年数回行われるすべての駐屯地・基地イベント来場予定者をインターネット上の事前登録制にて運用することを検討されてはいかがでしょうか？

駐屯地・基地イベントの来場者データは保安上や募集の重要なデータベースになると思

*VOICE*

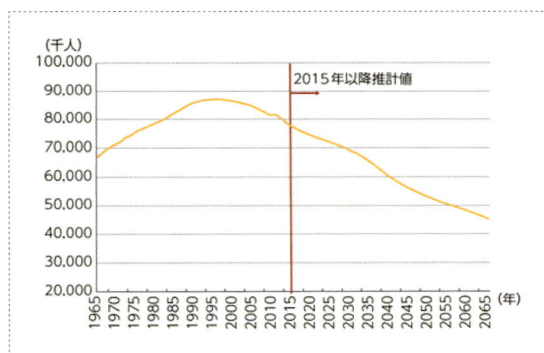

わが国の生産年齢人口の推移（総務省HPより）

います。またwebアクセスするビッグデータ解析も駐屯地と基地、地方協力本部の数とHPやSNSの乗数で考えると大変なデータです。こうしたビッグデータを中央で解析し、地方にフィードバックし、少年期より長期的にフォローしていけば、募集の一助になるのではないでしょうか？「自衛官等インターネット応募サイト」など、ネット募集はすでに運用されています。優秀な人材の確保のために、積極的にビッグデータを駆使することを、検討することも一つの選択肢と考えます。

### 外国人技能研修制度と能力構築支援の深化

2040年は2018年に比べ1,400万～1,500万人の生産年齢人口が減少するといわれています。募集対象者の絶対的な減少に対して「公の安全を守る機関」の定員を充足させることができるのでしょうか？ アベノミクス成功によるバブル期を超えた求人倍率、出生数・生産年齢人口減少の中で、募集対象者の減少に対する対応策を「介護」という職種でみた場合、政府は2025年になると2018年と比べ55万から50万人足りなくなることを想定してい

ます。昨年、在留資格「介護」を創設し、続いて外国人技能研修制度に「介護」職種を追加しました。外国人技能研修制度とは、日本で修得した技術を母国の発展に活かす目的で、外国人労働者が日本で3年から5年の技能研修を受ける制度です。現在、外国人技能研修生は73職種、約25万人が日本で研修しています。

5月29日、日経電子版イブニングスクープの見出しは『外国人、単純労働にも門戸　政府案「25年に50万人超」』とあります。政府は「建設・農業・造船・宿泊・介護」の5業種に対して50万人の外国人労働者増を想定しています。今まで在留資格の規制緩和をしなかった主な理由は「治安の悪化」といわれています。ゆえに『公の安全を守る機関』の重要性は一段と高まります。将来的には在留資格「警備」を創設し、民間会社に『公の安全』に対する一層の助力を期待することも考えられるかもしれません。

東南アジア諸国をはじめとする国々の防衛当局から、自国の能力構築への支援要請が防衛省に寄せられ、自衛隊が有する能力を活用し、能力構築支援に取り組むことが、2010年12月に防衛計画の大綱や中期防衛力整備計画において明記され、2015年にも能力構築支援内容を拡充していく指針があります。将来、十分な予算のもとに能力構築支援を深化させ、発展途上の友好国の要望に応えて、日本語教育を施された多くの警察官や兵士を日本国内の『公の安全を守る機関』で受け入れ、教育・技能実習し3年から5年後に帰国していただく。日本の装備品やシステム運用にも通じた人材が友好国に多数いることは、日本にとっても望ましいことではないでしょうか。

# DTF REPORT

**（一財）防衛技術協会 ヒューマン防護システム研究部会**

# 諸外国における兵士の近代化の技術動向（Ⅰ）

| （一財）防衛技術協会<br>ヒューマン防護システム研究部会部会長<br>株式会社IHI航空・宇宙・防衛事業領域防衛システム事業部<br>機器技術部量産・開発グループ部長 | 小林　松男<br>山本　正人 | 株式会社IHI航空・宇宙・防衛事業領域防衛システム事業部<br>機器技術部量産・開発グループ | 岩川　和晃 |

## はじめに

　ヒューマン防護システム研究部会は「先進個人装備及び生物化学兵器対処等の装備システム技術の活性化、効率化を通してわが国の防衛技術の向上に資するとともに、この分野での研究に関する官民の技術相互の啓発、親睦を図る」ことを目的として平成17年に設立され、今年で13年目を迎えます。これまで年間を通して、これらの技術に関する技術調査、調査結果の報告、提言等を実施してきました。

　海外技術調査は「海外における兵士の近代化及びCBRN防護・検知・除染の技術動向を調査し、自衛隊における関連装備品の装備化について提言・検討する」ことを目的としていますが、平成29年度は主に「CBRN防護・検知・除染」を調査対象としてCBRNe Convergence 2017、NCT Europe 2017等に参加し、またインターネット資料等により調査を実施しました。なお調査結果については、去る平成30年2月15日の報告会で発表を行い、出席者と活発な意見交換をすることができました。

　ここでは、発表した「CBRN防護・検知・除染の各構成技術及びCBRN対処システム統合化技術」の内容を今月号と来月号の2回に分けて本誌に掲載します。

　CBRN対処の技術動向は、兵士の負担軽減や使いやすさ等を考慮した性能向上を目指すだけでなく、ロボット、IoT、スマート化等の先進的なデュアルユース技術が著しく進展する現在、これらの技術と統合化した新たなシステム技術を追求する動向も見られ、価格の低減を図りながら、かつ新たな運用システムによる飛躍的な機能強化を図ろうとしています。当研究部会も継続的にこのような調査活動を通じて、今後のわが国のCBRN対処器材のシステム統合化技術の検討や研究に寄与できればと考えています。

　今回の調査報告にあたって、資料収集および、まとめに多大の尽力をいただいた賛助会員会社の関係各位に心から感謝申し上げます。

（小林　松男）

## NBC検知技術の動向

　海外のCBRN検知器材および検知技術の動向について、2017年11月にアメリカ・インディアナポリスにて開催されたCBRNe convergenceにて調査した結果から、以下の三つの器材について報告する。

**(1) ハンドヘルドタイプの検知器材**
　従来の光学検知器は大きく重量があり、机上

に置いて使用するものが主であった。近年においては、小型・軽量化が進み、運搬可能な光学検知器が開発されている。2件の光学検知器を以下に紹介する。

**ア　携帯型ラマン・FTIRハイブリッド分光計　GEMINI（Thermo Fisher SCIENTIFIC社）**

寸法：256×146×61mm、重量：1.9kgの小型軽量な検知器材であり、携帯・運搬が可能である。検知方式はラマン光およびFTIRを採用しており、状況に応じて使い分けることが可能である。検知対象物質は、爆発物、TICs、化学物質、麻薬、前駆物質、白い粉であり、Thermo社としては、着色・蛍光サンプルはFTIR、水溶液・半透明の容器に入っているサンプルはラマンの使用を推奨している。

本機器は、Thermo社が販売しているFIRST-Defender（ラマン光）とTruDefender（FTIR）両方の機能を有するものである。

**イ　次世代型ハンドヘルドラマン化学物質同定装置　Resolve（cobalt社）**

寸法：155×29×73mm、重量：2.2kgの小型・軽量な検知器材であり、上記アと同様に携帯・運搬が可能である。検知方式はラマン光を採用しており、不透明な容器内の物質を検知することが可能である。検知対象物は、化学剤、爆発物、麻薬等である。これまでラマン光による分析において、容器内の物質を検知する際は容器が透明である必要があったが、図1に示すように本機器は不透明な容器でも分析可能となっている。

**ウ　高圧質量分析　MX908（908devices社）**

寸法：298×216×122mm、重量：3.9kgの小型・軽量な検知器材であり、上記ア、イと同様に携帯・運搬が可能である。検知方式は高圧質量分析を採用しており、検知対象物は爆薬の痕跡検知、化学剤、爆発物、TICs、前駆物質の気体、液体、固体である。これまでの質量分析を行う機器は、古くは建屋の大半を占める大きさであり、近年では机上での運用が可能なまでに小型・軽量化がなされていたが、本機器は携帯・運搬が可能なレベルに小型・軽量化が進んでいる。運用方法も簡易的であり、図2に示すように採取したサンプルを検知箇所に挿入することで分析が開始される。

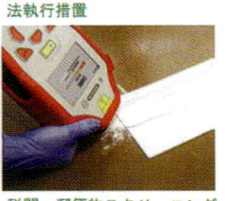

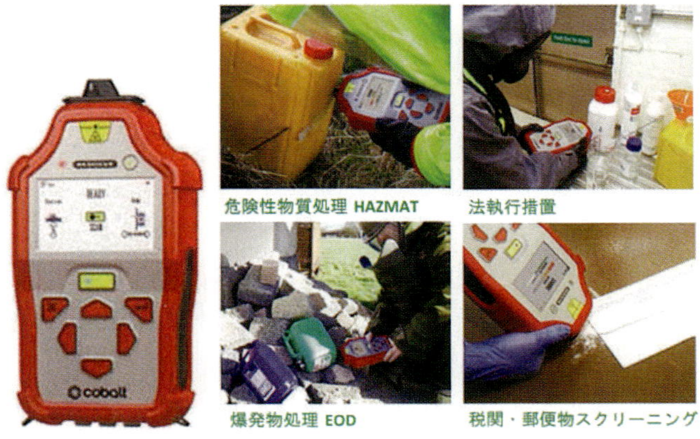

図2　MX908（左図：外観、右図：運用方法）

図1　Resolve（左図：Resolve外観、右図：操作の様子）

**(2)　スタンドオフ器材**

近年、スタンドオフ器材の一つとして、レーザを使用した検知器材が開発されており、諸外国では大規模イベントでのCBRN監視用器材として運用されることもある。

一例として、FALCON 4G（sec社）について紹介する。寸法：507×272×296mm、重量：28kgの検知器材であり、2種類の$CO_2$レーザ（アクティブ）にて検知するシステムである。検知対象物質はGA、GB、GD、GF、VX、HD、L、TICs（10種類程度）である。検知距離

は6,000m（Effective range：5,000m）となっており、広範囲での監視が可能となっている。またキャリブレーションが不要との特徴を有している。

### (3) システムインテグレートされた検知器材

SmartShieldTM G300 with Smartphone（PASS-PORT SYSTEMS INC 社）について述べる。本機器は放射線の監視システムであり、図3に示すように、スマートフォンタイプの検知器と情報を集約するPCで構成される。検知方式はCSI（TI）シンチレータである。検知器で得た情報はBluetooth、SmartServerに接続しPCに送信される。PCでは検知情報が集約され、地図上に放射線強度が色分けされて表示される。

図3 SmartShieldTM G300 with smartphone（上図：装置構成、下図：表示画面）

### (4) まとめ

本項ではCBRN検知器材について、近年の検知技術・器材について紹介した。従来と比較し、小型化が進み、運用性が向上してきていることが分かる。特にスタンドオフ器材は大規模イベントでも使用されることが多くなってきているので、今後とも注視していきたい。

（岩川　和晃）

---

**参考文献**
1）CBRNe convergence Proceedings

## 欧州の CBRN 対処器材

2017年6月27日～29日にドイツ・ゾントフォーフェンにて開催されたNCT Europe2017に参加した。このNCT Europe2017ではカンファレンスとは別にドイツ軍のBodelsberg Training Areaにて欧州4ヵ国（ドイツ、オーストリア、オランダ、チェコ）のCBRN対処器材について展示およびデモンストレーションが実施されたので、その時の調査について報告する。

### (1) 偵察車

**ア　R /C Reconnaissance Vehicles（図4）**

2015年にオランダDMOよりBRUKER社に3台発注され、2017年に納入された。この車両には化学剤および放射線用の検知器、UGVが装備されている。

この車両はアムステルダム南東に位置するフフトにあるCBRN National Training Centerに在籍するCBRN-Response Unitに配備されており、重大なCBRNの脅威が疑われる事態が発生した際に、消防、警察等のファーストレスポンダーのサポートに使用される。

図4　R/C Reconnaissance Vehicles

図5　TAUROB社製UGV

#### イ　Dingo2

オーストリアではKMW社のDingo2を12台運用しており、自動気象計側機能を装備したタイプ（4両）とGC-MSを装備したタイプ（8両）の2タイプを保有している。

Dingo2はCBRN換気システムを装備しており、車内を陽圧にして、外気が入り込まない構造としているほか、マスク用エア9,000L（Min35分間のオペレーションが可能）を装備している。また車両後部にサンプリング取得のためのマニピュレータおよび汚染範囲を示す旗標を落下させるための落下装置を有している。

#### ウ　FOX NBC Reconnaissance

ドイツではRHEINMETALL社のFOX NBC Reconnaissanceを102両運用している。この車両は化学剤および放射線用検知器、スタンドオフ化学剤検知器、分析器を搭載している。車両後部には地面の有害物質を自動的に検出するダブルホイール・サンプリング・システム、サンプリングを採取するためのプローブとグローブ開口部が設けられている。また取得した各種データを他の車両および部隊と情報共有ができるコマンドポストシステムを有している。

### （2）　UGV

オーストリアでは2017年からEDAの「IED Detection Programme」においてUGV（図5）の開発を行っており、開発・製造はオーストリア企業であるTAUROB社が実施した。このプログラムは2019年まで続けられる予定であり、今後の開発予定としてはマルチセンサプラットフォーム用レイルシステムと自律走行の開発および3Dカメラの搭載を予定している。

オランダは化学剤検知器、ガス検知警報器を装備したUGVを先述したR/C Reconnaissance Vehiclesに搭載し運用を行っている。

UGVの使用については、UGVがファーストレスポンダーの代わりに未確認物質に対して検知器を使用して有毒化学物質の検知を行うことによりファーストレスポンダーの安全を確保するものである。オーストリアのデモンストレーションを見る限り、有効な手段であり、今後、ますますUGVの運用が拡大していくと考える。

### （3）　除染車

#### ア　MPD100

オランダでは除染車としてOWR社のMPD100を運用している。この車両の仕様として装備品の除染（10両／H）、人員除染（120人／H）、道路除染（6,000$m^2$／H）を行う能力を有している。

車両右側に温水、除染液の吐出口を有しており、装備品の除染や人員除染テントへの接続を行う。また車両の後部には除染剤を粉砕するための粉砕機を装備している。

### イ　TEP90、Cage Based Moduler Decon System

ドイツは除染車両としてKarcher Futuretech社製のTEP90およびCage Based Moduler Decon Systemを運用している。TEP90は三つのモジュールにて構成されている。Module1は大型車両や道路除染に使用されるものであり、通常は車両に搭載したまま使用する。Module2は装備品を除染するモジュールであり個人装備品は除染剤を使用して、衣類については160℃のスチームを使用して、検知器、電子機器については減圧および加温機能の付いたチャンバーを使用して除染を行う。

Module3は人員除染のためのテントシステムであり、更衣室およびシャワー室有しており、温水を供給するための加温装置も装備している。Module2、Module3とも車両に装備されているクレーンにて搭載、卸下を実施し、車両の除染と人員および個人装備品の除染を並行して実施することができる。

なお仕様としては人員：40人／H、車両：8台／H、防護衣：20セット／H、個人装備品：20セット／H、精密器材：20セット／H、道路：1,500m$^2$／Hである。

Cage Based Moduler Decon SystemはTEP90同様、人員、車両、防護衣、個人装備、精密器材、道路を除染できる。用途により最適な機材を搭載し運用することができるモジュール構造となっている。ドイツで運用されている形態では車両8両、道路3,500m$^2$／Hに対応できる構成となっている。

今回、これらの車両を使用して車両、人員、個人装備品等の除染デモンストレーションが実施され、ドイツ軍の除染作業の流れ、機材の運用についても確認することができた（図6）。

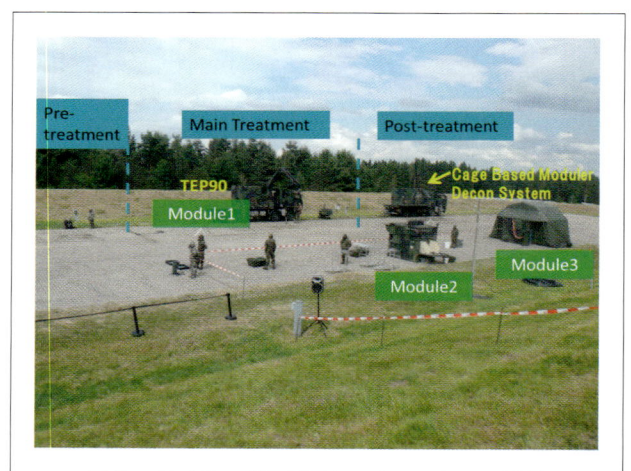

図6　ドイツ　除染デモンストレーション風景

### (4)　検知器

各国とも化学剤検知器および放射線検知器共に数種類の検知器を保有して運用を行っていることが確認できた。

化学剤検知器ではProengin社のAP-2C、Smith社のLCD3.3、Drager社のX-am7000、Thermo社のTru eDfenderFTX、First DefenderRMXが複数国で運用されていることが確認できた。その中でもラマン分光システムにより固形および液状物質を迅速に同定することが可能なThermo社のFirst DefenderRMXについては、携行型でもあることから参加4ヵ国すべてで運用されており、前述したオーストリア、オランダが運用しているUGVに装備されていることが確認できた。

今回、欧州4ヵ国で運用されている器材を調査する貴重な機会を得ることができた。欧州はCBRN対処に積極的に取り組んでおり、今後の動向に注意していきたい。

（山本　正人）

---

★ 略語・用語の意味 ★

FTIR（Fourier Transform Infared Spectroscopy）
DMO（The Defence Materiel Organisation）
EDA（European Defence Agency）

# CINEMA

## ヒトラーと戦った22日間

　ナチス・ドイツとアウシュヴィッツという名を聞くと、多くの人は第2次大戦中にユダヤ人を大量殺戮した強制収容所を連想することだろう。実はナチスがポーランド国内に造った強制収容所はアウシュヴィッツ以外に五つあった。これらの収容所はユダヤ人の根絶が目的だったため絶滅収容所とも呼ばれていたのだ。その中の一つだったソビボル収容所が本作の舞台である。ヨーロッパ各地から列車でユダヤ人たちが送られてくるところから始まる。その中から職人などが労働のために選別され、労働力とならない老人や女子供はガス室に送り込まれてゆく。しかし残った職人たちも無事とはいえない。ナチスの監督官に逆らえば容赦なく殺されるし、連帯責任だからと関係のない数人が選ばれて銃殺されるのだ。征服者の目には収容者など人間ではなく、家畜や虫けらと映っているのだろうか。そしてついに、収容されていたソ連兵の捕虜が反乱計画を実行する。それも収容者400人全員が一斉に脱走するのだ。しかしソビボルの事件は戦後暫く知られることはなかったという。

© Cinema Production
監督・脚本：コンスタンチン・ハベンスキー
出演：コンスタンチン・ハベンスキー／クリストファー・ランバート／ミハリーナ・オリシャンスカ
2018／ロシア、ドイツ、リトアニア、ポーランド／カラー／ロシア語、ドイツ語、イディッシュ語他／118分
原題：Собибор　英語：SOBIBOR
字幕監修：高尾千津子
後援：ロシア文化フェスティバル組織委員会、駐日ロシア連邦大使館、ロシア連邦文化協力庁
配給：ファインフィルムズ（9月8日よりロードショー）

# BOOKS

## 「陸・海・空 自衛隊最新装備2018」

菊池　雅之 著

（メディアックス刊、A4判、128頁、定価1,000円＋税）

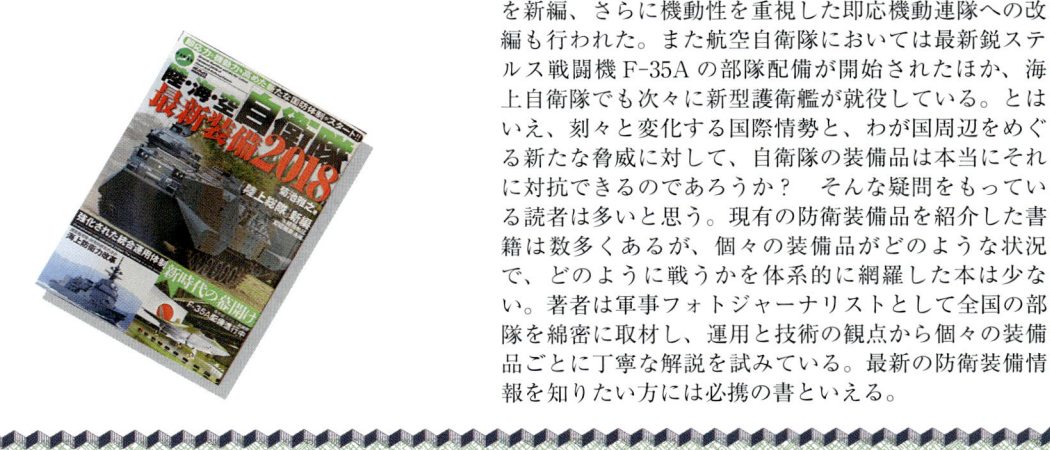

　今年2018年は、わが国にとってかつてない激動の年になったといえよう。6月に行われた史上初の米朝首脳会談によって朝鮮半島情勢は大きな変化を迎えようとしている。しかし北朝鮮の非核化実現までには未だ予断を許さない状況が続いており、わが国の防衛体制も楽観できないというのが現実である。そうした中で陸上自衛隊においては今年、大規模な改編があり、新たに陸上総隊が発足し島嶼防衛の要となる水陸機動団を新編、さらに機動性を重視した即応機動連隊への改編も行われた。また航空自衛隊においては最新鋭ステルス戦闘機F-35Aの部隊配備が開始されたほか、海上自衛隊でも次々に新型護衛艦が就役している。とはいえ、刻々と変化する国際情勢と、わが国周辺をめぐる新たな脅威に対して、自衛隊の装備品は本当にそれに対抗できるのであろうか？　そんな疑問をもっている読者は多いと思う。現有の防衛装備品を紹介した書籍は数多くあるが、個々の装備品がどのような状況で、どのように戦うかを体系的に網羅した本は少ない。著者は軍事フォトジャーナリストとして全国の部隊を綿密に取材し、運用と技術の観点から個々の装備品ごとに丁寧な解説を試みている。最新の防衛装備情報を知りたい方には必携の書といえる。

## DTJニュース

### ■防衛装備庁の人事異動■

防衛装備庁の7月20日および8月1日、8月3日付の人事異動は次のとおり（課長、研究室長級以上）。

・長官官房監察監査・評価官（防衛省防衛政策局調査課部員）　池田　正
（7月20日）

・長官官房装備官〈陸上担当〉（陸上自衛隊第1師団長）　柴田　昭市
・長官官房装備官〈航空担当〉（空幕防衛部長）　内倉　浩昭
・長官官房装備開発官〈陸上装備担当〉付第2開発室長（陸上自衛隊第5旅団司令部第4部長）　安部　透
・長官官房装備開発官〈陸上装備担当〉付第3開発室長（陸上自衛隊教育訓練研究本部付）　柳田　勝志
・長官官房装備開発官〈陸上装備担当〉付第6開発室長（陸上自衛隊富士学校特科部研究課長）　簔手　章

・長官官房装備開発官〈艦船装備担当〉付第2開発室長（海幕装備計画部航空機課）　長谷川一成
・プロジェクト管理部装備技術官〈陸上担当〉（陸幕防衛部防衛課開発室長）　山根　茂樹
・プロジェクト管理部事業監理官付事業計画調整官（長官官房装備開発官〈陸上装備担当〉付第3開発室長）　井上　義宏
・プロジェクト管理部事業監理官付事業計画調整官（海上自衛隊幹部学校付）　木村　孝行
・調達管理部調達企画課連絡調整官（陸幕装備計画部武器・化学課火器班長）　萩野　隆
（以上8月1日）

・長官（防衛省地方協力局長）　深山　延暁
・長官官房人事官（大阪地方協力本部副本部長）　大堀　健
・長官官房会計官（調達事業部需品調達官）　中村伸一朗
・装備政策部長（防衛大臣官房審議官）　土本　英樹
・装備政策部装備政策課長（調達管理部調達企画課長）　前田　清人
・プロジェクト管理部長（防衛大臣官房米軍再編調整官）　斉藤　和重
・調達管理部長（長崎防衛支局長）　水野谷賢司
・調達管理部調達企画課長（防衛大臣官房付）　藤重　敦彦
・調達管理部原価管理官（長官官房監察監査・評価官付監察監査室長）　畠中　秀昭
・調達事業部長（防衛大臣官房参事官）　森　佳美
・調達事業部需品調達官（調達管理部原価管理官）　鈴木　英明
・調達事業部電子音響調達官（防衛大臣官房会計課会計管理官）　小嶋　雅仁
（以上8月3日）

## CONTENTS　DEFENSE TECHNOLOGY JOURNAL vol.38, No.9, September 2018

〈OPINION〉 ………………………… Koji Ohshima

〈WEAPONS OF THE WORLD EXHIBITION〉
International Defense Equipment Exhibition EUROSATORY2018 ………………… You Suzuki

〈STUDY NOTE〉
Study on the projectile accelation in the transitional ballistics region
… Koji Ohira, Toshifumi Aoki, Takao Matsuyama

〈THREAT OF ELECTROMAGNETIC PULSE〉
Electromagnetic pulse by nuclear explosion ⑧
………………………………… Hiroshi Yamane

〈NOW THE GEOINTO!〉
〈part-1〉 What is Geospatial Intelligence?
………………………………… Shigeki Kuzuoka

〈KNOWLEDGE OF MILITARY SCIENCE〉
About this Catapult
………………………… DTJ Editorial Department

〈DEFENSE TECHNOLOGY ARCHIVE〉
History of artillery and technology and significance to support ② …… Hideyuki Morooka

〈PROMISING TECHNOLOGY〉
Utilizing AI as a Measure against cyber attack
…………………………… Yasunobu Chiba（NEC）

〈DTF REPORT〉
Human Defense System Technology ①
………… Matsuo Kobayashi, Masato Yamamoto, Kazuaki Iwakawa

〈ESSAY〉 …… Masaki Takeda, Takayuki Saito, Kazuhito Kohno

Published by

**DEFENSE TECHNOLOGY FOUNDATION**

3-23-14 Hongou, Bunkyo-ku, Tokyo JAPAN 〒113-0033
TEL. 03-5941-7620　FAX. 03-5941-7651